Sebastian Diebold

Transistor- und Leitungsmodellierung zum Entwurf von monolithisch integrierten Leistungsverstärkern für den hohen Millimeterwellen-Frequenzbereich

Karlsruher Forschungsberichte
aus dem Institut für Hochfrequenztechnik und Elektronik

Herausgeber: Prof. Dr.-Ing. Thomas Zwick

Band 73

Transistor- und Leitungsmodellierung zum Entwurf von monolithisch integrierten Leistungsverstärkern für den hohen Millimeterwellen-Frequenzbereich

von
Sebastian Diebold

Dissertation, Karlsruher Institut für Technologie (KIT)
Fakultät für Elektrotechnik und Informationstechnik, 2013

Impressum

Karlsruher Institut für Technologie (KIT)
KIT Scientific Publishing
Straße am Forum 2
D-76131 Karlsruhe

KIT Scientific Publishing is a registered trademark of Karlsruhe Institute of Technology. Reprint using the book cover is not allowed.

www.ksp.kit.edu

This document – excluding the cover – is licensed under the Creative Commons Attribution-Share Alike 3.0 DE License (CC BY-SA 3.0 DE): http://creativecommons.org/licenses/by-sa/3.0/de/

The cover page is licensed under the Creative Commons Attribution-No Derivatives 3.0 DE License (CC BY-ND 3.0 DE): http://creativecommons.org/licenses/by-nd/3.0/de/

Print on Demand 2014

ISSN 1868-4696
ISBN 978-3-7315-0161-9

Vorwort des Herausgebers

Die enormen Fortschritte in der Halbleitertechnologie (SiGe, CMOS, GaAs, InP, usw.) der letzten Jahre (z.B. Grenzfrequenzen von bis zu 1 THz für InP und über 500 GHz für Silizium) erlauben in Zukunft eine hohe Integration von aktiven Schaltkreisen, selbst bei Frequenzen im Bereich der Millimeterwellen (mm-Wellen). Da bei hohen Frequenzen im Allgemeinen auch deutlich höhere Bandbreiten verfügbar sind, versprechen die neuen Technologien eine Vielzahl interessanter Lösungen in den Bereichen der Kommunikation und Radarsensorik bis hin zu speziellen Anwendungen wie z.B. der Spektroskopie. Eine Problematik haben alle genannten Halbleitertechnologien gemein: zu höheren Frequenzen hin sinkt die erreichbare Ausgangsleistung von Verstärkern. Zusammen mit der Tatsache, dass bei Freiraumausbreitung die Dämpfung proportional zum Quadrat der Frequenz steigt, wird die verfügbare Ausgangsleistung von Funksystemen oberhalb 200 GHz zu einem der entscheidenden Faktoren. Genau an dieser Stelle setzt die Arbeit von Herrn Dipl.-Ing. Sebastian Diebold an. Im Rahmen der vorliegenden Arbeit präsentiert Herr Diebold ein neues Konzept zur Erhöhung der Ausgangsleistung von monolithisch integrierten Millimeterwellenverstärkern zusammen mit einer verbesserten Modellierung.

In seiner Dissertation hat Herr Diebold wichtige wissenschaftliche Grundlagen zur Realisierung von monolithisch integrierten Millimeterwellenverstärkern erarbeitet. Die wurde anhand der mHEMT-Technologie des Fraunhofer IAF in Freiburg durchgeführt, lässt sich aber problemlos auf andere Technologien übertragen. Die besondere Herausforderung dieser Arbeit bestand darin, trotz der in diesem Frequenzbereich nicht mehr verfügbaren genauen Messmöglichkeiten, Detailmodelle zu generieren, die eine ausreichend genaue Modellierung der Gesamtschaltung ermöglichen. Die durch den geschickten Einsatz elektromagnetischer Feldsimulationen entstandene Schaltungsmodellierung erwies sich als deutlich genauer als existierende Verfahren, sodass damit eine weitere Optimierung von Verstärkern hinsichtlich Ausgangsleistung möglich wird. Ich bin mir sicher, dass diese Arbeit weltweit viel Beachtung finden wird und einige weitere interessante Arbeiten nach sich ziehen wird. Ich wünsche Herrn Diebold alles Gute für die Zukunft und hoffe, dass er seine exzellenten und vielseitigen Fähigkeiten auch weiterhin erfolgreich einsetzen kann.

Prof. Dr.-Ing. Thomas Zwick
– Institutsleiter –

Forschungsberichte aus dem
Institut für Höchstfrequenztechnik und Elektronik (IHE)
der Universität Karlsruhe (TH) (ISSN 0942-2935)

Herausgeber: Prof. Dr.-Ing. Dr. h.c. Dr.-Ing. E.h. mult. Werner Wiesbeck

Band 1 Daniel Kähny
Modellierung und meßtechnische Verifikation polarimetrischer, mono- und bistatischer Radarsignaturen und deren Klassifizierung (1992)

Band 2 Eberhardt Heidrich
Theoretische und experimentelle Charakterisierung der polarimetrischen Strahlungs- und Streueigenschaften von Antennen (1992)

Band 3 Thomas Kürner
Charakterisierung digitaler Funksysteme mit einem breitbandigen Wellenausbreitungsmodell (1993)

Band 4 Jürgen Kehrbeck
Mikrowellen-Doppler-Sensor zur Geschwindigkeits- und Wegmessung - System-Modellierung und Verifikation (1993)

Band 5 Christian Bornkessel
Analyse und Optimierung der elektrodynamischen Eigenschaften von EMV-Absorberkammern durch numerische Feldberechnung (1994)

Band 6 Rainer Speck
Hochempfindliche Impedanzmessungen an Supraleiter / Festelektrolyt-Kontakten (1994)

Band 7 Edward Pillai
Derivation of Equivalent Circuits for Multilayer PCB and Chip Package Discontinuities Using Full Wave Models (1995)

Band 8 Dieter J. Cichon
Strahlenoptische Modellierung der Wellenausbreitung in urbanen Mikro- und Pikofunkzellen (1994)

Band 9 Gerd Gottwald
Numerische Analyse konformer Streifenleitungsantennen in mehrlagigen Zylindern mittels der Spektralbereichsmethode (1995)

Band 10 Norbert Geng
Modellierung der Ausbreitung elektromagnetischer Wellen in Funksystemen durch Lösung der parabolischen Approximation der Helmholtz-Gleichung (1996)

Band 11 Torsten C. Becker
Verfahren und Kriterien zur Planung von Gleichwellennetzen für den Digitalen Hörrundfunk DAB (Digital Audio Broadcasting) (1996)

Forschungsberichte aus dem
Institut für Höchstfrequenztechnik und Elektronik (IHE)
der Universität Karlsruhe (TH) (ISSN 0942-2935)

Band 12 Friedhelm Rostan
Dual polarisierte Microstrip-Patch-Arrays für zukünftige satellitengestützte SAR-Systeme (1996)

Band 13 Markus Demmler
Vektorkorrigiertes Großsignal-Meßsystem zur nichtlinearen Charakterisierung von Mikrowellentransistoren (1996)

Band 14 Andreas Froese
Elektrochemisches Phasengrenzverhalten von Supraleitern (1996)

Band 15 Jürgen v. Hagen
Wide Band Electromagnetic Aperture Coupling to a Cavity: An Integral Representation Based Model (1997)

Band 16 Ralf Pötzschke
Nanostrukturierung von Festkörperflächen durch elektrochemische Metallphasenbildung (1998)

Band 17 Jean Parlebas
Numerische Berechnung mehrlagiger dualer planarer Antennen mit koplanarer Speisung (1998)

Band 18 Frank Demmerle
Bikonische Antenne mit mehrmodiger Anregung für den räumlichen Mehrfachzugriff (SDMA) (1998)

Band 19 Eckard Steiger
Modellierung der Ausbreitung in extrakorporalen Therapien eingesetzter Ultraschallimpulse hoher Intensität (1998)

Band 20 Frederik Küchen
Auf Wellenausbreitungsmodellen basierende Planung terrestrischer COFDM-Gleichwellennetze für den mobilen Empfang (1998)

Band 21 Klaus Schmitt
Dreidimensionale, interferometrische Radarverfahren im Nahbereich und ihre meßtechnische Verifikation (1998)

Band 22 Frederik Küchen, Torsten C. Becker, Werner Wiesbeck
Grundlagen und Anwendungen von Planungswerkzeugen für den digitalen terrestrischen Rundfunk (1999)

Band 23 Thomas Zwick
Die Modellierung von richtungsaufgelösten Mehrwegegebäudefunkkanälen durch markierte Poisson-Prozesse (2000)

Forschungsberichte aus dem
Institut für Höchstfrequenztechnik und Elektronik (IHE)
der Universität Karlsruhe (TH) (ISSN 0942-2935)

Band 24 Dirk Didascalou
Ray-Optical Wave Propagation Modelling in Arbitrarily Shaped Tunnels (2000)

Band 25 Hans Rudolf
Increase of Information by Polarimetric Radar Systems (2000)

Band 26 Martin Döttling
Strahlenoptisches Wellenausbreitungsmodell und Systemstudien für den Satellitenmobilfunk (2000)

Band 27 Jens Haala
Analyse von Mikrowellenheizprozessen mittels selbstkonsistenter finiter Integrationsverfahren (2000)

Band 28 Eberhard Gschwendtner
Breitbandige Multifunktionsantennen für den konformen Einbau in Kraftfahrzeuge (2001)

Band 29 Dietmar Löffler
Breitbandige, zylinderkonforme Streifenleitungsantennen für den Einsatz in Kommunikation und Sensorik (2001)

Band 30 Xuemin Huang
Automatic Cell Planning for Mobile Network Design: Optimization Models and Algorithms (2001)

Band 31 Martin Fritzsche
Anwendung von Verfahren der Mustererkennung zur Detektion von Landminen mit Georadaren (2001)

Band 32 Siegfried Ginter
Selbstkonsistente Modellierung der Erhitzung von biologischem Gewebe durch hochintensiven Ultraschall (2002)

Band 33 Young Jin Park
Applications of Photonic Bandgap Structures with Arbitrary Surface Impedance to Luneburg Lenses for Automotive Radar (2002)

Band 34 Alexander Herschlein
Entwicklung numerischer Verfahren zur Feldberechnung konformer Antennen auf Oberflächen höherer Ordnung (2002)

Band 35 Ralph Schertlen
Mikrowellenprozessierung nanotechnologischer Strukturen am Beispiel von Zeolithen (2002)

Forschungsberichte aus dem
Institut für Höchstfrequenztechnik und Elektronik (IHE)
der Universität Karlsruhe (TH) (ISSN 0942-2935)

Band 36 Jürgen von Hagen
Numerical Algorithms for the Solution of Linear Systems of Equations Arising in Computational Electromagnetics (2002)

Band 37 Ying Zhang
Artificial Perfect Magnetic Conductor and its Application to Antennas (2003)

Band 38 Thomas M. Schäfer
Experimentelle und simulative Analyse der Funkwellenausbreitung in Kliniken (2003)

Band 39 Christian Fischer
Multistatisches Radar zur Lokalisierung von Objekten im Boden (2003)

Band 40 Yan C. Venot
Entwicklung und Integration eines Nahbereichsradarsensorsystems bei 76,5 GHz (2004)

Band 41 Christian Waldschmidt
Systemtheoretische und experimentelle Charakterisierung integrierbarer Antennenarrays (2004)

Band 42 Marwan Younis
Digital Beam-Forming for high Resolution Wide Swath Real and Synthetic Aperture Radar (2004)

Band 43 Jürgen Maurer
Strahlenoptisches Kanalmodell für die Fahrzeug-Fahrzeug-Funkkommunikation (2005)

Band 44 Florian Pivit
Multiband-Aperturantennen für Basisstationsanwendungen in rekonfigurierbaren Mobilfunksystemen (2005)

Band 45 Sergey Sevskiy
Multidirektionale logarithmisch-periodische Indoor-Basisstationsantennen (2006)

Band 46 Martin Fritz
Entwurf einer breitbandigen Leistungsendstufe für den Mobilfunk in Low Temperature Cofired Ceramic (2006)

Band 47 Christiane Kuhnert
Systemanalyse von Mehrantennen-Frontends (MIMO) (2006)

Band 48 Marco Liebler
Modellierung der dynamischen Wechselwirkungen von hoch-intensiven Ultraschallfeldern mit Kavitationsblasen (2006)

Forschungsberichte aus dem
Institut für Höchstfrequenztechnik und Elektronik (IHE)
der Universität Karlsruhe (TH) (ISSN 0942-2935)

Band 49 Thomas Dreyer
Systemmodellierung piezoelektrischer Sender zur Erzeugung hochintensiver Ultraschallimpulse für die medizinische Therapie (2006)

Band 50 Stephan Schulteis
Integration von Mehrantennensystemen in kleine mobile Geräte für multimediale Anwendungen (2007)

Band 51 Werner Sörgel
Charakterisierung von Antennen für die Ultra-Wideband-Technik (2007)

Band 52 Reiner Lenz
Hochpräzise, kalibrierte Transponder und Bodenempfänger für satellitengestützte SAR-Missionen (2007)

Band 53 Christoph Schwörer
Monolithisch integrierte HEMT-basierende Frequenzvervielfacher und Mischer oberhalb 100 GHz (2008)

Band 54 Karin Schuler
Intelligente Antennensysteme für Kraftfahrzeug-Nahbereichs-Radar-Sensorik (2007)

Band 55 Christian Römer
Slotted waveguide structures in phased array antennas (2008)

Fortführung als
"Karlsruher Forschungsberichte aus dem Institut für Hochfrequenztechnik und Elektronik" bei KIT Scientific Publishing
(ISSN 1868-4696)

Karlsruher Forschungsberichte aus dem
Institut für Hochfrequenztechnik und Elektronik
(ISSN 1868-4696)

Herausgeber: Prof. Dr.-Ing. Thomas Zwick

Die Bände sind unter www.ksp.kit.edu als PDF frei verfügbar oder als Druckausgabe bestellbar.

Band 55 Sandra Knörzer
Funkkanalmodellierung für OFDM-Kommunikationssysteme bei Hochgeschwindigkeitszügen (2009)
ISBN 978-3-86644-361-7

Band 56 Thomas Fügen
Richtungsaufgelöste Kanalmodellierung und Systemstudien für Mehrantennensysteme in urbanen Gebieten (2009)
ISBN 978-3-86644-420-1

Band 57 Elena Pancera
Strategies for Time Domain Characterization of UWB Components and Systems (2009)
ISBN 978-3-86644-417-1

Band 58 Jens Timmermann
Systemanalyse und Optimierung der Ultrabreitband-Übertragung (2010)
ISBN 978-3-86644-460-7

Band 59 Juan Pontes
Analysis and Design of Multiple Element Antennas for Urban Communication (2010)
ISBN 978-3-86644-513-0

Band 60 Andreas Lambrecht
True-Time-Delay Beamforming für ultrabreitbandige Systeme hoher Leistung (2010)
ISBN 978-3-86644-522-2

Band 61 Grzegorz Adamiuk
Methoden zur Realisierung von dual-orthogonal, linear polarisierten Antennen für die UWB-Technik (2010)
ISBN 978-3-86644-573-4

Band 62 Jutta Kühn
AlGaN/GaN-HEMT Power Amplifiers with Optimized Power-Added Efficiency for X-Band Applications (2011)
ISBN 978-3-86644-615-1

Karlsruher Forschungsberichte aus dem Institut für Hochfrequenztechnik und Elektronik (ISSN 1868-4696)

Band 63 Małgorzata Janson
Hybride Funkkanalmodellierung für ultrabreitbandige MIMO-Systeme (2011)
ISBN 978-3-86644-639-7

Band 64 Mario Pauli
Dekontaminierung verseuchter Böden durch Mikrowellenheizung (2011)
ISBN 978-3-86644-696-0

Band 65 Thorsten Kayser
Feldtheoretische Modellierung der Materialprozessierung mit Mikrowellen im Durchlaufbetrieb (2011)
ISBN 978-3-86644-719-6

Band 66 Christian Andreas Sturm
Gemeinsame Realisierung von Radar-Sensorik und Funkkommunikation mit OFDM-Signalen (2012)
ISBN 978-3-86644-879-7

Band 67 Huaming Wu
Motion Compensation for Near-Range Synthetic Aperture Radar Applications (2012)
ISBN 978-3-86644-906-0

Band 68 Friederike Brendel
Millimeter-Wave Radio-over-Fiber Links based on Mode-Locked Laser Diodes (2013)
ISBN 978-3-86644-986-2

Band 69 Lars Reichardt
Methodik für den Entwurf von kapazitätsoptimierten Mehrantennensystemen am Fahrzeug (2013)
ISBN 978-3-7315-0047-6

Band 70 Stefan Beer
Methoden und Techniken zur Integration von 122 GHz Antennen in miniaturisierte Radarsensoren (2013)
ISBN 978-3-7315-0051-3

Band 71 Łukasz Zwirełło
Realization Limits of Impulse-Radio UWB Indoor Localization Systems (2013)
ISBN 978-3-7315-0114-5

Band 72 Xuyang Li
Body Matched Antennas for Microwave Medical Applications (2014)
ISBN 978-3-7315-0147-3

Karlsruher Forschungsberichte aus dem
Institut für Hochfrequenztechnik und Elektronik
(ISSN 1868-4696)

Band 73 Sebastian Diebold
Transistor- und Leitungsmodellierung zum Entwurf von monolithisch integrierten Leistungsverstärkern für den hohen Millimeterwellen-Frequenzbereich (2014)
ISBN 978-3-7315-0161-9

Transistor- und Leitungsmodellierung zum Entwurf von monolithisch integrierten Leistungsverstärkern für den hohen Millimeterwellen-Frequenzbereich

Zur Erlangung des akademischen Grades eines

DOKTOR-INGENIEURS

an der Fakultät für
Elektrotechnik und Informationstechnik,
am Karlsruher Institut für Technologie (KIT)

genehmigte

DISSERTATION

von

Dipl.-Ing. Sebastian Diebold
geb. in Karlsruhe

Tag der mündlichen Prüfung:	06. 12. 2013
Hauptreferent:	Prof. Dr.-Ing. Ingmar Kallfass
Korreferent:	Prof. Dr.-Ing. Thomas Zwick

Kurzfassung

Anwendungen zur drahtlosen Datenübertragung sowie zur Sensorik und Bildgebung mit Radar, sind entscheidend von den Eigenschaften der Leistungsverstärker auf der Sendeseite abhängig. Ihre Bandbreite, Linearität und Ausgangsleistung bestimmt die maximal verfügbare Reichweite der Systeme genauso wie ihre maximale Datenrate bzw. Auflösung.

Der Millimeterwellen Frequenzbereich, der sich von 30 bis 300 GHz erstreckt, bietet viele Vorteile für Anwendungen der Funkkommunikation und hochauflösenden Sensorik. Zum einen führen moderate relative Bandbreiten zu sehr großen absoluten Bandbreiten, was in sehr leistungsfähigen Systemen resultiert. Zum anderen ist die Wellenlänge in dem Frequenzbereich so klein, dass viele Komponenten, deren Größe mit steigender Frequenz abnimmt, zusammen mit den aktiven Elementen integriert werden können. Dieser Vorteil kommt besonders zum Tragen, wenn monolithisch integrierte Schaltungen eingesetzt werden, die schnelle Transistortechnologien nutzen. In diesem Fall sind die Systeme potenziell sehr kompakt, verlässlich, relativ effizient und leistungsfähig, was eine sehr breite Anwendung in Forschung und Industrie ermöglicht. Eine besonders geeignete Transistortechnologie ist die des Fraunhofer Instituts für Angewandte Festkörperphysik (IAF) in Freiburg, Deutschland. Mit Grenzfrequenzen bis 1 THz und ihren ausgezeichneten Rauscheigenschaften ist sie ein geeigneter Kandidat um damit Schaltungen für den hohen Millimeterwellen Frequenzbereich zu entwerfen.

Im Rahmen der vorliegenden Arbeit sollen auf Basis dieser Technologie für den Frequenzbereich von 200 bis über 250 GHz monolithisch integrierte Leistungsverstärker entworfen werden.

Trotz ihrer prinzipiellen Eignung sind auf Basis der Transistortechnologie des Fraunhofer IAF bisher keine oder nur sehr beschränkt leistungsfähige Leistungsverstärker in diesem Frequenzbereich entworfen worden. Dies ergibt sich aus der Tatsache, dass für diesen Schaltungstyp besonders verlässliche und flexible Leitungs- und Transistormodelle beim Entwurf notwendig sind. Im Verlauf der Arbeit wird gezeigt, dass die im Vorfeld der Arbeit verfügbaren Modelle, welche die Technologie beschreiben, nicht ausreichend sind um damit im untersuchten Frequenzbereich Leistungsverstärker zu entwerfen, die dem Stand der Technik entsprechen. Zusätzlich wird gezeigt, dass die bislang verfolgten Verstärkerkonzepte die maximale Leistungsfähigkeit der Verstärker beschränken.

Ziel dieser Arbeit ist daher die Modellierung von Leitungs- und Transistorelementen, die den zuverlässigen Entwurf von Leistungsverstärkern im hohen Millimeterwellen Frequenzbereich erlauben. Im Rahmen der Arbeit werden bekannte Methoden zur Leitungs- und Transistormodellierung überarbeitet und erweitert. Zur Modellierung werden elektromagnetische Feldsimulationen und Messungen kombiniert, um so Modelle zu entwerfen, deren Genauigkeit bis 325 GHz bestätigt wird.

Auf Basis dieser Modelle wird ein Verstärkerkonzept erarbeitet, das maßgeschneidert für den Frequenzbereich von 200 bis 300 GHz und die durch die Technologie gegebenen Möglichkeiten ist. Es nutzt einen neuartigen Koppler, der die Nachteile herkömmlicher Konzepte überwindet und so Verstärker mit hoher Bandbreite, Linearität und Ausgangsleistung ermöglicht.

Abstract

Applications for wireless data-transmission and sensing and imaging with radar are highly dependent on the characteristics of the power amplifier at the transmitter. Its bandwidth, linearity and output power determines the system's range as well as the maximum data rate or resolution. The millimetre-wave frequency range spans from 30 to 300 GHz. It provides many advantages, for moderate relative bandwidths lead to large absolute bandwidth, resulting in very powerful systems. Moreover, in this frequency range the wavelength is so small that many components, whose size decrease with increasing frequency, may be integrated with the active elements. This advantage is particularly evident when monolithic integrated circuits employing high-speed transistor technologies are used. In this case, the resulting systems are potentially very compact, reliable, easy to deploy and efficient. This allows for a very wide range of applications in research and industry.

A particularly suitable transistor technology is provided by the Fraunhofer Institute for Applied Solid State Physics (IAF) located in Freiburg, Germany. With transistor cut-off frequencies up to 1 THz, its excellent noise properties and multi-functional integration capability, it is an ideal candidate for the design of circuits in the high millimetre-wave frequency range.

Nevertheless, no high-performance power amplifiers have been developed using this technology in the 200 to 300 GHz frequency range so far. This results from the fact that very reliable and flexible transmission-line and transistor models are needed for their design. It will be shown that the models available prior to the work do not sufficiently fulfil this requirement. In addition to that, it will be shown that advanced amplifiers topologies have to be developed to boost the amplifier performance.

The aim of this work is the modelling of transmission-line and transistor elements, thus allowing for the reliable design of high power amplifiers in millimetre-wave frequency range. To overcome current limitations mostly resulting from measurement inaccuracies, the modelling approach is based on electromagnetic field simulations. The accuracy of the developed models is verified up to a frequency of 325 GHz.

Based on the modelled transmission lines, an innovative coupler concept for the design of power amplifiers has been developed. It is tailor-made for the applied technology and the high millimetre-wave frequency range. Based on this coupler and the developed transistor models, a novel amplifier topology has been established and applied. The measured amplifiers operate in the frequency range from 200 to higher than 250 GHz. They significantly increase the reported performance of power amplifiers based on the employed transistor technology.

Vorwort

Diese Arbeit entstand während meiner Zeit als wissenschaftlicher Mitarbeiter am Institut für Hochfrequenztechnik und Elektronik (IHE) am Karlsruher Institut für Technologie. Ich kam als erster Doktorand von Ingmar Kallfass ans IHE und wurde von allen herzlich aufgenommen. Dafür und für das angenehme Arbeitsklima möchte ich mich bei allen aktuellen und ehemaligen Kollegen, auch der Bereiche Verwaltung und Technik bedanken.

Besonders bedanken möchte ich mich bei meinem Betreuer und Hauptreferenten Ingmar Kallfass. Er hat mir die Freiheit gegeben eigene Ideen, vor allem in Bezug auf Schaltungsentwurf und Lehre zu verfolgen. Seine fortwährende Unterstützung durch die Diskussion von Problemen sowie das Aufzeigen von Möglichkeiten waren bei der Erstellung meiner Arbeit eine große Hilfe.

Bedanken möchte ich mich auch bei Thomas Zwick, dem Korreferenten dieser Arbeit und Institutsleiter des IHE. Er hat durch konstruktive Vorschläge zur Arbeit beigetragen und mir gegen Ende dieser die Möglichkeit gegeben mich auf das Verfassen der Ausarbeitung zu konzentrieren.

Meinen Zimmerkollegen Philipp Pahl und Heiko Gulan danke ich für das angenehme und freundschaftliche Arbeitsklima und ergiebige fachliche Diskussionen. Sie haben besonders dafür gesorgt, dass ich die Zeit am IHE in positiver Erinnerung behalten werde.

Ingmar Kallfass, Thomas Zwick, Arnulf Leuther und Tadao Nagatsuma danke ich für ihre Hilfe meinen Traum zu verwirklichen nach meiner Promotion nach Japan zu gehen. Insbesondere Ingmar Kallfass will ich danken, der seine Freizeit investiert hat um mit mir an meinen Bewerbungen zu arbeiten.

Ich danke allen Kollegen am Fraunhofer Institut für angewandte Festkörperphysik, die ich in meiner Zeit als Praktikant, Diplomand und anschließend Doktorand kennen und schätzen lernen durfte. Besonders Axel Tessmann und Arnulf Leuther danke ich für zahlreiche hilfreiche Diskussionen. Sie haben mir die Möglichkeit gegeben Schaltungsideen zu verfolgen, auch wenn sie nicht direkt einem Projekt zugeordnet werden konnten. Matthias Seelmann-Eggebert danke ich für fruchtbare und hilfreiche Diskussionen zum Thema Transistormodellierung. Sandrine Wagner und Hermann Massler danke ich für ihren unermüdlichen Einsatz die entworfenen Schaltungen zu charakterisieren.

Ganz besonders möchte ich Freunden und meiner Familie danken. Allem voran meinen Eltern, auf deren Unterstützung und Geduld ich mich immer verlassen konnte. Meiner liebevollen Frau Clara danke ich für Rückhalt und Ablenkung.

Karlsruhe, im Januar 2014

Sebastian Diebold

Inhaltsverzeichnis

Abkürzungen und Symbole

Abkürzungen

AirMS	englisch: air microstrip Luftbrücken Mikrostreifen
CG	englisch: common-gate
CAE	englisch: computer aided engineering computergestützter Schaltungsentwurf
CPWG	englisch: grounded coplanar waveguide koplanarer Wellenleiter mit Rückseitenmetallisierung
CPWG14u	koplanarer Wellenleiter mit Rückseitenmetallisierung und 14 μm Masse-Masse Abstand
CPWG50u	koplanarer Wellenleiter mit Rückseitenmetallisierung und 50 μm Masse-Masse Abstand
CS	englisch: common-source
EMFS	elektromagnetische Feldsimulation
GaAs	Gallium-Arsenid
HBT	englisch: heterojunction bipolar transistor Bipolartransistor mit Heteroübergang
HEMT	englisch: high electron mobility transistor Transistor mit hoher Elektronenbeweglichkeit
IAF	Fraunhofer Institut für Angewandte Festkörperphysik in Freiburg, Deutschland
InP	Indium-Phosphid
LNA	englisch: low noise amplifier

	rauscharmer Verstärker
mHEMT	englisch: metamorphic high electron mobility transistor gitterangepasster Transistor mit hoher Elektronenbeweglichkeit
MMIC	englisch: millimetre-wave monolithic integrated circuit monolithisch integrierte Schaltung für den Millimeterwellen Frequenzbereich
MS	englisch: microstrip Mikrostreifen
mmW	Millimeter-Welle
SiN	Silizium-Nitrid
VIA	englisch: substrate through via

Lateinische Buchstaben

A	Leitungsdämpfung
$b_{3-\mathrm{dB}}$	relative 3-dB Bandbreite
$B_{3-\mathrm{dB}}$	absolute 3-dB Bandbreite
C'	Kapazitätsbelag
C_{DS}	Drain-Source-Kapazität
C_{G}	Gate-Kapazität
C_{GS}	Gate-Source-Kapazität
f_{c}	Mittenfrequenz
f_{max}	maximale Oszillationsfrequenz
f_{T}	Transitfrequenz
l_{g}	Gate-Länge
g_{m}	Transkonduktanz
I_{D}	Drain-Strom
I_{GS}	Gate-Source-Strom
L'	Induktivitätsbelag
$P_{\mathrm{aus},1-\mathrm{dB}}$	lineare Ausgangsleistung

PAE	englisch: power added efficiency Leistungseffizienz
R_{Dp}	parasitärer Drain-Widerstand
R_{Gp}	parasitärer Gate-Widerstand
R_{Sp}	parasitärer Source-Widerstand
SF	Stabilitätsfaktor
V_{GS}	Gate-Source-Spannung
V_{DS}	Drain-Source-Spannung
VKF	Verkürzungsfaktor
Z_0	Systemimpedanz
Z_{L}	Wellenwiderstand einer Leitung

Griechische Buchstaben

Γ	Reflektionsfaktor
$\varepsilon_{\mathrm{eff}}$	effektive Permittivität
Φ	Winkel
τ_{GD}	Gruppenlaufzeit

Mathematische und physikalische Konstanten

$c_0 = 299\,792\,458\ \mathrm{m/s}$	Lichtgeschwindigkeit im Vakuum
$j = \sqrt{-1}$	imaginäre Zahl

1. Einleitung

Der Frequenzbereich von 200 bis 300 GHz bildet das obere Ende des Millimeterwellen (mmW)-Frequenzbereichs, der sich von 30 bis 300 GHz erstreckt und in dem die Freiraumwellenlänge zwischen 1 und 10 mm beträgt. Dieser Frequenzbereich hat zahlreiche Neuerungen ermöglicht, die meist darauf beruhen, dass hier Komponenten mit großen absoluten Bandbreiten möglich sind, die Anwendungen zur Bildgebung und Sensorik mit Radar und zur Funkkommunikation mit hohen Datenraten erlauben [Arm12].

Aufgrund der frequenzabhängigen atmosphärischen Dämpfung, die in Abbildung 1.1 gezeigt ist, arbeiten Systeme in dem Frequenzbereich in atmosphärischen Fenstern, wenn große Reichweiten erzielt werden sollen. In diesen Fenstern ist die atmosphärische Dämpfung vergleichsweise gering, so dass Signale um mehrere dB/km weniger gedämpft werden als außerhalb der Fenster. Das Fenster von 200 bis 300 GHz, welches in Abbildung 1.1 schraffiert markiert ist, ist für die Forschung von besonderem Interesse und steht daher auch im Fokus dieser Arbeit.

Systeme, die im mmW-Frequenzbereich arbeiten, haben nicht nur den Vorteil, dass große absolute Sende- und Empfangsbandbreiten möglich sind, sie haben auch den Vorteil, dass alle frequenzabhängigen Bauteile wie Antennen klein sind und so sehr kompakte Komponenten möglich sind. Dieser Vorteil kommt besonders zu Tragen wenn die Schaltungen als monolithisch integrierte Schaltkreise im mmW-Frequenzbereich (englisch: millimetre-wave monolithic integrated circuit, MMIC) realisiert werden. Diese Systeme können sehr kompakt und mit geringem Gewicht hergestellt werden

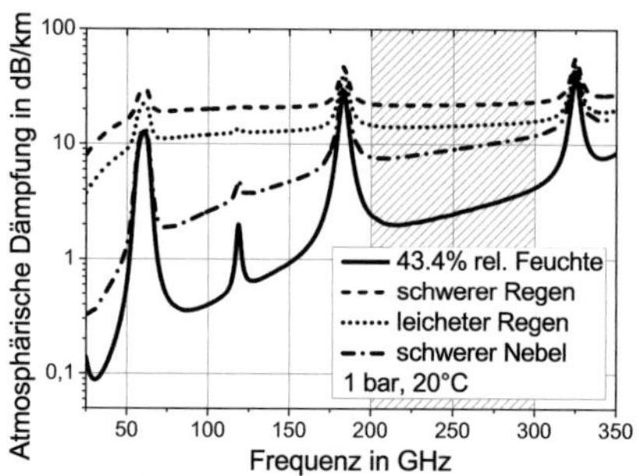

Abbildung 1.1.: Atmosphärische Dämpfung von 25 bis 350 GHz für trockene und feuchte Atmosphären. Der schraffierte Bereich markiert den für die Arbeit relevanten Frequenzbereich [ITU].

und sind dadurch relativ kostengünstig und attraktiv für eine kommerzielle Nutzung.

MMIC können sehr vielseitig eingesetzt werden. Sie werden unter anderem in der hochauflösenden Sensorik mit Radar eingesetzt. Ein Beispiel dafür ist die berührungslose Bestimmung von menschlichen Lebenszeichen. Hier wird mit einem Radar die Körperbewegung des Menschen gemessen und dadurch die Frequenz von Herzschlag und Atmung bestimmt. Durch die vergleichsweise große Wellenlänge im mmW-Frequenzbereich können die Lebenszeichen auch durch die Kleidung hindurch bestimmt werden. Gleichzeitig ist die Wellenlänge so klein, dass damit auch kleinste Bewegungen des Körpers und somit die Lebenszeichen des untersuchten Menschen festgestellt werden können [DAS+12, DBLL+04, OSZZ09].

Auch zur drahtlosen Datenübertragung können MMIC eingesetzt werden [HMM11, KAS+11, HHN03] und erlauben genauso wie optische, d.h. mit Lasern arbeitende Systeme, sehr hohe Datenraten. Bei Regen oder Nebel ist die atmosphärische Dämpfung im optischen Bereich allerdings so groß, dass dort keine Datenübertragung mehr möglich ist. Im mmW-Frequenzbereich ist die Datenübertragung auch unter diesen Bedingungen möglich, da sie die Übertragung nur erschweren, aber nicht unterbrechen.

Anwendungen im mmW-Frequenzbereich besitzen also eine große Zahl von Vorteilen. Sie sind in der Lage bei moderaten relativen Bandbreiten, große absolute Bandbreiten zur Verfügung zu stellen, wobei Bandbreite der Schlüssel zu Anwendungen ist, die hohe Datenraten oder große Auflösungen ermöglichen. Zusätzlich sind eine Vielzahl von Materialien, wie beispielsweise Stoff, transparent im mmW-Frequenzbereich, was u.A. Anwendung in Kameras zur Sicherheitsüberwachung (*Nacktscannern*) findet. Außerdem ist in diesem Frequenzbereich die Sicht durch Staub, Schnee und Sand genauso wie durch Nebel und Regen möglich. Durch diese Vorteile unterscheiden sie sich Millimeterwellen deutlich von Anwendungen bei geringen Frequenzen, die nicht die hohen Auflösungen und Datenraten ermöglichen. Sie unterscheiden sich auch von Anwendungen bei höheren Frequenzen, die nicht über die Vorteile wie Betrieb bei schlechten Witterungsbedingungen verfügen [YSM03].

1.1. Motivation der Arbeit

Der Ausdruck MMIC gibt nicht an mit welcher Halbleiter-Technologie die Schaltungen realisiert werden, sondern nur dass sie im mmW-Frequenzbereich arbeiten. Zusätzlich bedeutet es, dass ihre Bestandteile monolithisch, das heißt auf einem Substrat, integriert sind.

In dieser Arbeit werden MMIC entworfen, die eine schnelle Transistortechnologie nutzen, was den Vorteil hat, dass im Gegensatz zu passiven Ansätzen mit Dioden, meist größere Ausgangsleistungen und fast immer geringere Empfängerrauschzahlen möglich sind. Beides hängt von der verwendeten Diodentechnologie ab [Nag09]. Darüber hinaus ermöglicht eine leistungsfähige Transistortechnologie eine multi-funktionale Integration von unterschiedlichen Komponenten, d.h. Schaltungen, auf einem Substrat [KHY+10]. MMIC mit Transistoren können vergleichsweise kostengünstig und kompakt in Hohlleitermodule oder auf Leiterplatten aufgebaut werden.

Mit Gleichung 1.1, der so genannten Shannon Formel, kann die maximal zu übertragende Datenrate bei Kommunikationssystemen berechnet werden [Jon11]:

$$C = B \cdot \ln(1 + SNR) \tag{1.1}$$

Sie nimmt mit der verfügbaren absoluten Bandbreite B zu und ist entscheidend vom Signal-zu-Rauschverhältnis (englisch: signal-to-noise-ratio, SNR) abhängig. Das SNR am Empfänger wird wie in Gleichung 1.2 zu sehen von der Übertragungsstrecke s, der verfügbaren Senderleistung P_S und der Empfängerrauschzahl F_E bestimmt [ZP98].

$$SNR \propto \frac{P_\mathrm{S}}{F_\mathrm{E} \cdot s^2} \tag{1.2}$$

Für Systeme zur drahtlosen Datenübertragung mit hohen Datenraten und großen Reichweiten sind also Sendeverstärker mit einer großen Ausgangsleistung und einer großen Bandbreite und Empfangsverstärker mit einer ebenso großen Bandbreite und geringen Rauschzahlen notwendig.

Rauscharme Verstärker (englisch: low noise amplifier, LNA) sind im hohen mmW-Frequenzbereich zahlreich veröffentlicht worden [GSF+07,TLM+08, WHM+12]. Sie sind daher nicht Gegenstand der Arbeit.

Ziel dieser Arbeit ist der Entwurf von Leistungsverstärker-MMIC für den hohen mmW-Frequenzbereich von 200 bis 300 GHz, um so die verfügbare Reichweite, maximale Datenrate und Sensitivität von Kommunikation-

und Radarsystemen zu steigern. Einen Überblick über den Stand der Technik bietet der folgende Abschnitt, der verdeutlicht, dass der Schlüssel zu leistungsfähigen Systemen für die Radar- und Kommunikationstechnik geeignete Leistungsverstärkerkonzepte sind, was auch in [Arm12] festgestellt wurde, wo technologieübergreifend die Ausgangsleistung von Signalquellen im mmW und THz-Frequenzbereich diskutiert wurde.

1.2. Stand der Technik bei Leistungsverstärker-MMIC

Nur wenige Transistortechnologien sind geeignet um damit im hohen mmW-Frequenzbereich Leistungsverstärkerschaltungen zu entwerfen, was mit Abbildung 1.2 deutlich wird, die den Stand der Technik von Leistungsverstärker-MMIC im Frequenzbereich von 75 bis 350 GHz zeigt.

Im gesamten gezeigten Frequenzbereich gibt es prinzipiell zwei Ansätze Transistoren zu verwirklichen. Das ist zum einen der Bipolartransistor mit Hetero-Übergang (englisch: heterojunction bipolar transistor, HBT), der ein Bipolartransistor ist, der zwischen Emitter und Basis einen Hetero-Übergang nutzt, welcher verantwortlich für die hohen Arbeitsfrequenzen ist. Ein Hetero-Übergang findet auch bei einem Transistor mit hoher Elektronenbeweglichkeit (englisch: high electron mobility transistor, HEMT) Anwendung, der prinzipiell den Aufbau eines Feldeffekttransistors aufweist. Auch hier ist der Hetero-Übergang ausschlaggebend für die hohen Arbeitsfrequenzen verantwortlich [Sze13].

Einen Überblick über den Stand der Technik auf dem Gebiet der monolithisch integrierten Leistungsverstärkung im mmW-Frequenzbereich ist in [Sam11] gegeben. In Abbildung 1.2 sind die dort zusammengetragenen maximalen Ausgangsleistungen verschiedener veröffentlichter Verstärker grafisch dargestellt. Zusätzlich sind aktuelle Ergebnisse ergänzt worden. Einen Überblick über den Stand der Technik zu geben erweist sich als

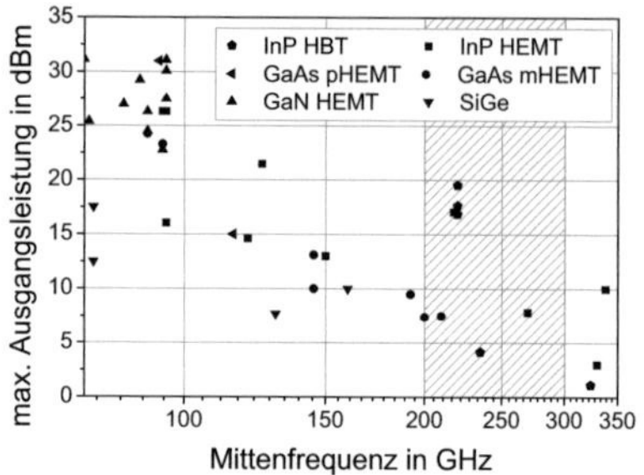

Abbildung 1.2.: Übersicht über den Stand der Technik bei Leistungsverstärkern von 75 bis 350 GHz. Die Frequenz ist logarithmisch aufgetragen. Der für die Arbeit relevante Frequenzbereich ist schraffiert markiert.

schwierig, da nicht alle Gruppen die gleichen Kennzahlen nutzen und nicht immer in der Lage sind Größen wie lineare Ausgangsleistung und Sättigungsausgangsleistung zu messen. Um nur die Leistungsfähigkeit der Transistortechnologie zu bewerten sind im folgenden Vergleich keine Ergebnisse aufgeführt, bei welchen die Erreichung der Ausgangsleistung nur durch eine Modulintegration mehrerer MMIC möglich war. Die in [RLS$^+$11] und [RLM$^+$12] erzielten Ergebnisse werden daher nicht in Abbildung 1.2 aufgeführt.

Bis ins W-band (75 bis 110 GHz) verfügen MMIC, die HEMT mit Aluminium-Gallium-Nitrid (AlGaN) / Gallium-Nitrid (GaN) Übergang nutzen, über die höchsten Ausgangsleistungen [NMM$^+$10, MOM$^+$09, MKM$^+$08, MKS$^+$10, vHRvV$^+$12, MKM$^+$12, QTK$^+$11, BWS$^+$11]. Mit dieser Technologie ist bei 95 GHz bis zu 31,1 dBm demonstriert worden, was mit einer Verstärker-Gate-Weite von 600 µm zu einer hervorragenden Leistungsdichte von 1700 mW/mm führt [BWS$^+$11].

Bis ins W-Band und D-Band (110 bis 170 GHz) kann auch der pseudomorph, d.h. gitterverspannt auf Gallium-Arsenid (GaAs) hergestellte HEMT, der auch als pHEMT bezeichnet wird, genutzt werden. Damit konnten im W-

Band bis zu 31 dBm [WSG+01] und im D-Band bis zu 15 dBm [MBK+09] Ausgangsleistung erzeugt werden. Im W-Band wurde dieser Wert bei einer Leistungsdichte von lediglich ca. 10 mW/mm, was die große Überlegenheit der GaN HEMT verdeutlicht.

Bis ins D-Band konnten auch mit HBT [KH06, PRF04, SCP13] oder Feldeffekttransistoren [HXG+12], die den Hetero-Übergang zwischen Silizium und Germanium (SiGe) nutzen, Ausgangsleistungen bis zu 17.5 dBm [KH06] bei 77 GHz und 10 dBm bei 160 GHz [SCP13] nachgewiesen werden.

In Abbildung 1.2 ist deutlich zu erkennen, dass die höchsten Arbeitsfrequenzen bei Leistungsverstärkern aber nur mit Indium-Phosphid (InP) HBT, InP HEMT und GaAs mHEMT möglich sind. Diese Ansätze nutzen alle die hervorragenden Hochfrequenzeigenschaften, die sich aus der InP Hetero-Struktur ergeben.

Leistungsverstärker, die InP HBT nutzen, sind bis 325 GHz veröffentlicht worden, was eindrucksvoll ihre Hochfrequenzeignung belegt [RRG+11, RRG+12b, RRG+12a, RSW+11, HUM+08]. Besonders beachtenswert ist der bei 220 GHz veröffentlichte MMIC, der über eine Ausgangsleistung von über 19 dBm verfügt [RRG+12a].

InP HEMT Leistungsverstärker sind bis weit über 350 GHz hinaus veröffentlicht worden. Auch im gezeigten Frequenzbereich sind damit die höchsten Ausgangsleistungen demonstriert worden [ICK+99, CIL+98, SL01, SBM+05, KSM+09, DMR+08, DMR+07, RDL+10, RLM+12]. Hier sind besonders die Verstärker bei 95, 217,5 und 338 GHz hervorzuheben, wo Leistungen um 26 [SL01], 17 [RLS+11] und 10 dBm [RDL+10] gezeigt wurden. InP HEMT können auch metamorph, d.h. mit einer Schicht zur Gitteranpassung auf GaAs hergestellt werden, wodurch die Transistoren mHEMT genannt werden. Da GaAs Substrate günstiger als InP Substrate sind, diese in größeren Durchmessern verfügbar und nicht so brüchig wie InP sind, verfügt der mHEMT Ansatz, unabhängig von der maximalen Ausgangsleistung, über einige Vorteile. Er ist günstiger und durch die Robustheit des Substrats sind die hergestellten MMIC einfacher in der Handhabung. Dies erlaubt eine einfachere und günstigere Aufbautechnik. Außerdem wurden mit der mHEMT Technologie die bislang besten Rauschzahlen im hohen mmW-Frequenzbereich demonstriert [Sam11, WHM+12]. Einer der Nachteile dieser Technologie ist die schlechte thermische Leitfähigkeit des Substrats, was besonders bei Leistungsverstärkern zu Problemen führen kann.

Aufgrund der Vorteile der mHEMT Technologie und weil über ein vom Bundesministerium für Bildung und Forschung gefördertes Projekt der Zugriff auf die mHEMT Technologie des Fraunhofer IAF möglich war, wird sie im Rahmen dieser Arbeit genutzt. Die mit dieser Technologie veröffentlichten Verstärker belegen deutlich, dass Schaltungen bis mindestens 600 GHz möglich sind, die eine große Bandbreite und hohe Verstärkung aufweisen [TLMSE12]. Im Vergleich zur InP HEMT oder HBT Technologie sind bislang mit der mHEMT Technologie des Fraunhofer IAF deutlich geringere Ausgangsleistungen demonstriert wurden [HBR+05, TLSM05, KPM+09, KPM+09, DPG+12, LDM+13]. Ohne die Ergebnisse dieser Arbeit sind bei 94, 145 und 192 GHz Ausgangsleistungen von 23 [TLSM05], 13 [DPG+12] und 9,5 dBm [KPM+09] gezeigt worden.

1.3. Situationsanalyse und Aufgabenstellung

Ziel dieser Arbeit ist der Entwurf von Leistungsverstärkern für den Frequenzbereich von 200 bis 300 GHz. Durch das atmosphärische Fenster ist dieser Frequenzbereich besonders für breitbandige Kommunikationssysteme interessant. Die Leistungsverstärker, die im Rahmen dieser Arbeit entworfen werden, sollen daher über eine möglichst große Bandbreite verfügen und eine große Ausgangsleistung bei möglichst hoher Linearität bereitstellen. Außerdem sollen sie kompakt sein, um so die Integration mit weiteren

Systemkomponenten zu ermöglichen. Aufgrund von Kosten- und Systemüberlegungen sollen die Verstärker auch effizient sein.

Wie der Stand der Technik gezeigt hat ist es möglich im angestrebten Frequenzbereich Leistungsverstärker zu entwerfen, allerdings sind die mit der gewählten mHEMT Technologie erzielten Ergebnisse dem Stand der Technik deutlich unterlegen. Obwohl die mHEMT Technologie theoretisch geeignet sein sollte um damit Leistungsverstärkern im hohen mmW-Frequenzbereich zu entwerfen [Sam11, TLMSE12], sind damit keine hohen Ausgangsleistungen demonstriert worden. Eine Situationsanalyse, die in den folgenden Kapiteln belegt wird, ergab, dass die beschränkenden Elemente nicht ausschließlich die MMIC-Technologie, sondern auch die Modelle sind, welche die Technologie beschreiben und mit denen die Leistungsverstärker entworfen werden sollen.

Leistungsverstärker werden wie LNA mit Hilfe von computergestützten Programmen zum Schaltungsentwurf (englisch: computer aided engineering, CAE) entwickelt. Dazu sind Modelle notwendig, die alle in der Schaltung verwendeten Elemente beschreiben. Dies sind beispielsweise passive Elemente, wie Leitungen und Kapazitäten, aber auch aktive Elemente wie Transistoren. Die Genauigkeit dieser Modelle bestimmt maßgeblich wie nahe man der verfügbaren, durch die Technologie begrenzten, Leistungsfähigkeit kommt. Die Genauigkeit der Modelle, die im Vorfeld der Arbeit verfügbar waren, war für den Entwurf von Leistungsverstärkern im Frequenzbereich von 200 bis 300 GHz nicht ausreichend, was in den Abschnitten 2.6 und 3.4 demonstriert wird. Dies liegt zum einen an den Ansätzen mit denen die passiven und aktiven Elemente modelliert wurden, zum anderen liegt das daran, dass nicht alle benötigten Modelle verfügbar waren. Im Rahmen dieser Arbeit sollen daher Modelle für die benötigten passiven und aktiven Elemente entworfen werden, die den Entwurf von Leistungsverstärkern im hohen mmW-Frequenzbereich ermöglichen.

Zusammenfassend ergeben sich folgende Aufgaben und Ziele:

- Entwurf von kompakten, breitbandigen, effizienten und linearen Verstärkern mit hoher Ausgangsleistung für den Frequenzbereich von 200 bis 300 GHz.
- Entwicklung von geeigneten Verstärkerkonzepten um die mit der gewählten Technologie verfügbare Ausgangsleistung zu steigern.
- Entwicklung von geeigneten Leitungs- und Transistormodellen, die den Entwurf von Leistungsverstärkern für den Frequenzbereich von 200 bis 300 GHz ermöglichen.

Der Lösungsansatz, der sich aus den beschriebenen Anforderungen und Aufgaben ergibt, ist im folgenden Abschnitt beschrieben.

1.4. Lösungsansatz und Gliederung der Arbeit

Der Aufbau der vorliegenden Arbeit ist in Abbildung 1.3 skizziert. Die Basis der Arbeit bildet die MMIC-Technologie des Fraunhofer IAF, die mHEMT nutzt. Die Eigenschaften der MMIC-Technologie sind in den Abschnitten 2.2 und 3.1 vorgestellt.

Für den Entwurf der Leistungsteiler und Verstärker sind zwei tragende Säulen notwendig. Das sind erstens Leitungsmodelle, die bis in den hohen mmW-Frequenzbereich das tatsächliche Leitungsverhalten sehr genau abbilden müssen. Es sind spezielle Modelle für geradlinige Leitungen, aber auch für Kapazitäten und Diskontinuitäten wie Verzweigungen und Ecken notwendig. Außerdem muss für den Entwurf des Leistungsteilers eine unübliche Leitungsform modelliert werden, die in Kapitel 2 beschrieben wird. Zuvor werden die theoretischen Grundlagen der Leitungstheorie eingeführt. Im Anschluss daran werden verschiedene Leitungstypen vorgestellt und ihre Vor- und Nachteile diskutiert. Darauf aufbauend wird ein Ansatz zur

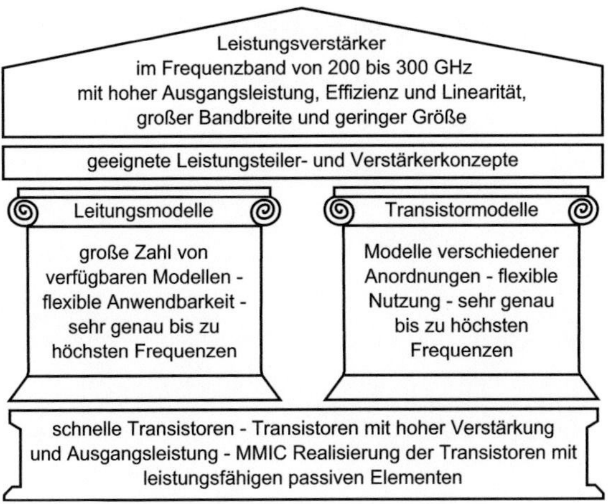

Abbildung 1.3.: Gliederung der vorliegenden Arbeit, die komplett auf den Entwurf von Leistungsverstärkern ausgelegt ist. Dafür sind geeignete Leitungs- und Transistormodelle und Verstärkerkonzepte notwendig, die in der Arbeit erarbeitet werden.

Leitungsmodellierung vorgestellt. Dieser Modellansatz wird genutzt um verschiedene Leitungstypen zu modellieren, die für den Entwurf des Leistungsverstärkers notwendig sind. Im Anschluss an die Modellierung wird die Genauigkeit der Modelle messtechnisch bis 325 GHz bestätigt.

Die zweite tragende Säule sind Transistormodelle. Da bestehende Modellansätze nicht flexibel und nicht ausreichend genau sind, wird in Kapitel 3 ein Ansatz zur Transistormodellierung vorgestellt, welcher auf die in der Arbeit genutzten Transistortechnologie und -anordnungen angewandt wird, die auch in dem Kapitel vorgestellt werden. Die Genauigkeit der entwickelten Transistormodelle wird bis 325 GHz bestätigt.

Leistungsverstärker sind das Ziel der Arbeit und die direkt damit verbundenen Arbeiten sind in Kapitel 4 beschrieben. Es werden die Grundlagen des Schaltungsentwurfs vorgestellt, die besonders bei der Entwicklung von Leistungsverstärker-MMIC interessant sind. Im Anschluss daran wird die Messtechnik eingeführt, mit der die entworfenen und produzierten Verstärker charakterisiert werden können. Nach einer kurzen Vorstellung der zum Entwurf und der Charakterisierung von Leistungsverstärkern benötigten Grundlagen, wird ein Schaltungskonzept erarbeitet, das maßgeschneidert für den Entwurf von Leistungsverstärkern im hohen mmW-Frequenzbereich ist. Dieses Konzept nutzt einen eigens dafür entworfenen Leistungsteiler, der sehr kompakt ist, nur geringe Leitungsverluste aufweist und Verstärker mit großen Ausgangsleistungen ermöglicht. In Abschnitt 4.8 wird gezeigt, dass mit den in der Arbeit entwickelten Leitungs- und Transistormodellen und den damit entworfenen Koppler- und Verstärkerkonzepten, der Stand der Technik für die genutzte Transistortechnologie gesteigert werden konnte.

Die vorliegende Arbeit schließt mit Kapitel 5, einer Zusammenfassung und Interpretation der gezeigten Ergebnisse. Die Relevanz der Arbeit wird herausgestellt und mögliche darauf aufbauende Arbeiten vorgeschlagen.

2. Passive Komponenten in integrierten Schaltungen

Die Leistungsfähigkeit von MMIC ist nicht nur von den Eigenschaften der Transistortechnologie abhängig, sondern auch von den passiven Komponenten, welche die Transistoren umgeben. Sie tragen entscheidend dazu bei das Potential der Transistortechnologie voll auszuschöpfen. Dies wird mit Abbildung 2.1 deutlich, die den prinzipiellen Aufbau einer Transistorstufe zeigt, wie sie häufig in MMIC zu finden ist.

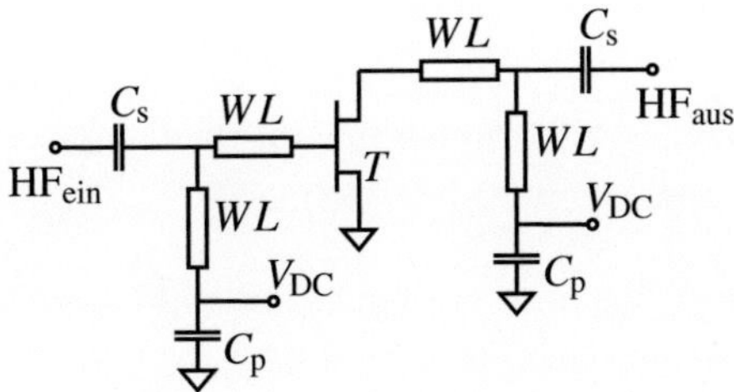

Abbildung 2.1.: Schematische Darstellung einer Transistorstufe. Der Transistor T wird mit Hilfe der Wellenleiter WL impedanzangepasst. Die Entkopplung der Gleich- und Hochfrequenzsignale findet über die Elemente C_s und C_p statt.

Die Wellenleiter, die mit WL markiert sind, dienen zur Signalführung und Impedanzanpassung. Bei der Signalführung ist es wichtig, dass das Signal möglichst verlust- und störungsarm geführt werden kann, d.h. es sind Wellenleiterarten von Vorteil, mit denen eine kompakte, dämpfungsarme und kopplungsfreie Übertragung möglich ist.

Eine Impedanzanpassung ist notwendig um die Transistoren und weiteren Schaltungskomponenten an eine Systemimpedanz von üblicherweise 50 Ω anzupassen. Dabei ist es wichtig, dass die Leitungsimpedanz über einen weiten Bereich variiert werden kann.

Die mit C_p gekennzeichneten Kapazitäten und der Transistor T benötigen einen Massebezug. Dieser ist, wenn Mikrostreifenleitungen zur Wellenleitung genutzt werden, nur mit Hilfe von Substrat-Durchkontaktierungen möglich (vergl. Abschnitt 2.2). Die Durchkontaktierungen wirken induktiv und können so zu einem resonanten Verhalten der angebundenen Komponenten führen.

Wenn eine Transistorschaltung aktiv betrieben werden soll, müssen Versorgungsspannungen V_DC dem Transistor zugeführt werden. Diese dürfen die Hochfrequenz- (HF) Eigenschaften der Schaltung nicht beeinträchtigen. Meist ist eine Gleichspannungsentkopplung der MMIC Ein- und Ausgänge nötig. Diese Aufgaben werden in der Regel von monolithisch integrierten Kapazitäten realisiert, die als Wellenleiter ausgeführt sind. Die Kapazitäten zur Gleichspannungsentkopplung sind in Abbildung 2.1 mit C_s, die zur Hochfrequenzentkopplung mit C_p markiert.

Im Rahmen dieser Arbeit wird bei Wellenleitern unterschieden zwischen geradlinigen Leitungsstücken und Diskontinuitäten. Letztere fassen alle Elemente einer Wellenleiterart zusammen, die sich vom geradlinigen Leitungsstück unterscheiden. Das sind beispielsweise Ecken oder Signalverzweigungen und auch Kapazitäten.

Im Folgenden werden in Abschnitt 2.1 die theoretischen Grundlagen zu Wellenleitern zusammengefasst und im Anschluss daran, in Abschnitt 2.2, mögliche Realisierungen von integrierten Leitungen vorgestellt. Hierbei liegt der Fokus auf Leitungstypen, die mit der in der Arbeit genutzten Technologie realisiert werden können. Die Vor- und Nachteile der unterschiedlichen Typen werden heraus gestellt und mögliche Anwendungsszenarien skizziert. Im Anschluss daran werden vorhandene Verfahren zur Modellierung bzw. Bestimmung der Modellparameter in Abschnitt 2.3 vorgestellt und durch ein geeignetes Verfahren erweitert. Der in dieser Arbeit entwickelte Ansatz zur Modellierung von Leitungskomponenten wird exemplarisch in Abschnitt 2.5 angewandt und messtechnisch in Abschnitt 2.6 bestätigt.

2.1. Theoretische Beschreibung von Wellenleitern

Ein Ziel dieser Arbeit ist die Modellierung von unterschiedlichen Wellenleitertypen, die zum Entwurf von Leistungsverstärkern im Frequenzbereich von 200 bis 300 GHz notwendig sind. Um diese modellieren zu können ist notwendig zu verstehen, wie Leitungen im mmW-Frequenzbereich beschrieben werden können, um anschließend auf Basis dieser Beschreibung Modelle zu entwerfen. Dafür werden in diesem Abschnitt die wichtigsten Zusammenhänge zur Leitungsbeschreibung zusammengefasst. Eine ausführliche Darstellung der folgenden Zusammenfassung kann beispielsweise in [Poz12] gefunden werden.

In Abbildung 2.2 ist schematisch dargestellt wie eine Leitung betrachtet werden muss, wenn deren Länge im Bereich der Wellenlänge ist. Ihr Verhalten kann mit Hilfe ihrer Leitungsbeläge R', L', C' und G' beschrieben werden.

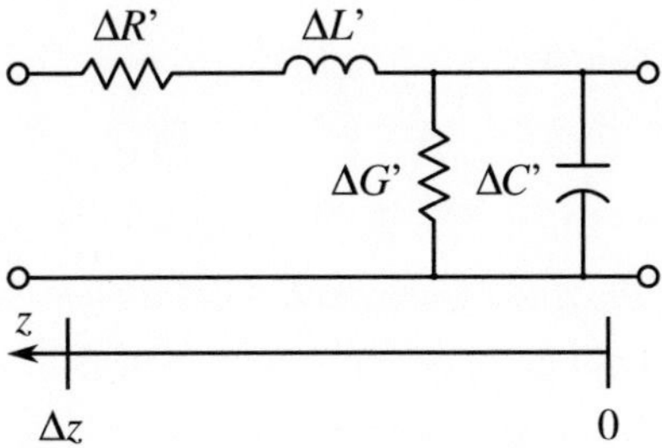

Abbildung 2.2.: Schematische Darstellung einer Leitung mit Leitungsbelägen.

Mit diesem Ersatzschaltbild einer Leitung, Kirchhoffs Strom- und Spannungsgesetzen, der Grenzwertbildung, dass die Leitungslänge Δz gegen 0 geht, durch Umformungen und den Differenzialgleichungsansatz nach d'Alembert, ergeben sich die Spannung und der Strom auf der Leitung. Daraus kann der Wellenwiderstand Z_L einer Leitung berechnet werden:

$$Z_\mathrm{L} = \sqrt{\frac{j\omega L' + R'}{j\omega C' + G'}} \tag{2.1}$$

Ebenso kann die Ausbreitungskonstante γ mit ihrem Dämpfungsbelag α und ihrer Phasenkonstante β angegeben werden:

$$\gamma = \alpha + j\beta \tag{2.2}$$

$$= \sqrt{(j\omega L' + R')(j\omega C' + G')} \tag{2.3}$$

womit die effektive Permittivität als

$$\varepsilon_\mathrm{eff} = c_0^2 \cdot L'C' \tag{2.4}$$

bestimmt werden kann, wobei c_0 die Lichtgeschwindigkeit ist. Die Dämpfung A einer Leitung, angegeben in dB, ist direkt proportional zu α.

Trotz ihrer großen Bedeutung für den Schaltungsentwurf und die Leitungsmodellierung, sind die oben gegebenen Gleichungen 2.1 und 2.3 für die Modellierung von Leitungen oder die Anwendung in CAE Werkzeugen nicht ausreichend. Besonders zur Anwendung in CAE Werkzeugen sind geschlossene Darstellungen mit Matrizen notwendig, wobei die Darstellung der Leitungsgleichungen mit der Kettenmatrix, auch ABCD Matrix genannt, besonders wichtig ist. Mit ihr werden der Strom I_i und die Spannung V_i auf der Eingangsseite und die beiden Parameter auf der Ausgangsseite I_o und V_o eines Zweitors verknüpft:

$$\begin{bmatrix} V_i \\ I_i \end{bmatrix} = \begin{bmatrix} A & B \\ C & D \end{bmatrix} \cdot \begin{bmatrix} V_o \\ I_o \end{bmatrix} \tag{2.5}$$

Mit Hilfe der Leitungstheorie und des Wissens, dass in einem reziproken und symmetrischen Bauteil, wie einer Leitung, $AD - BC = 1$ und $A = D$ sind, ergibt sich [PdSB03]:

$$\begin{bmatrix} V_i \\ I_i \end{bmatrix} = \begin{bmatrix} \cosh(\gamma l) & Z_L \sinh(\gamma l) \\ \sinh(\gamma l)/Z_L & \cosh(\gamma l) \end{bmatrix} \cdot \begin{bmatrix} V_o \\ I_o \end{bmatrix} \tag{2.6}$$

In Abschnitt 2.5 dieser Arbeit wird diese Matrix zur teilweisen Bestimmung der Leitungsparameter genutzt. Zur Modellierung selbst wird allerdings das in dem genutzten CAE Werkzeug *Agilent ADS* zur Verfügung gestellte Modell *TLINP* verwendet, welches auf der gezeigten Matrizendarstellung einer Leitung aufbaut und statt der Leitungsbeläge, die daraus abgeleiteten Größen Wellenwiderstand Z_L, effektive Permittivität ε_{eff} und Leitungsdämpfung A nutzt [Agib].

Zur Modellierung von Leitungen gibt es verschiedene Ansätze. Der zuerst vorgestellte nutzt direkt die Leitungsbeläge R', L', C' und G', wohingegen der zweite die daraus abgeleiteten Größen Z_L, ε_{eff} und A nutzt. Er ist damit zum einen direkt im CAE Werkzeug verfügbar und zum anderen sehr intuitiv in der Anwendung, weshalb er auch im Rahmen dieser Arbeit verfolgt wird.

Der erste Teil der Leitungsmodellierung ist abgeschlossen, indem eine Möglichkeit gefunden wurde wie Leitungen beschrieben werden können. Da diese Beschreibung noch nicht von der Geometrie der Leitung abhängt, ist sie allgemein gültig und wird im Folgenden zur Beschreibung von unterschiedlichen Leitungstypen und auch Leitungsdiskontinuitäten angewandt. Es ergibt sich die in Abbildung 2.3 gezeigte Modellhülle.

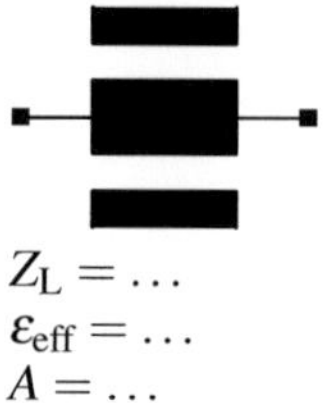

$Z_L = \ldots$
$\varepsilon_{\mathrm{eff}} = \ldots$
$A = \ldots$

Abbildung 2.3.: Der erste Schritt zur Modellierung von Leitungselementen ist die Wahl des Modells, das in dieser Arbeit auf der in 2.6 gezeigten Matrix aufbaut.

Der nächste Schritt, der in Abschnitt 2.4 beschrieben wird, ist zu bestimmen, wie sich die Leitungsparameter in Abhängigkeit der verwendeten Technologie und Leitungsform verhalten. Zuvor werden im folgenden Abschnitt geeignete Leitungstypen zum Entwurf von Leistungsverstärker im hohen mmW-Frequenzbereich vorgestellt.

2.2. Realisierungen von integrierten Leitungsstrukturen

Die in einer Technologie realisierbaren Leitungsarten hängen entscheidend von den verfügbaren Technologiemerkmalen ab: Kann die Substratvorderseite mit der -rückseite mit Hilfe von Durchkontaktierungen (englisch: substrate through via, VIA) verbunden werden? Wie viele Metallisierungsschichten gibt es auf der Vorderseite? Ist ein Luftbrückenprozess verfügbar? Können Kapazitäten in Form von Metall-Isolator-Metall (englisch: metal-insulator-metal, MIM) Kapazitäten hergestellt werden und können Widerstände realisiert werden? Dies alles bestimmt maßgeblich die Leistungsfähigkeit und Realisierbarkeit einer Leitungstechnologie [Dea08].

Die in dieser Arbeit verwendete Technologie des Fraunhofer IAF verfügt über zwei Metallisierungsebenen auf der Substrat Vorderseite. Diese werden auf einem GaAs Substrat mit einer Dicke von 650 µm aufgebracht. Die erste Ebene (technologische Bezeichnung: MET1) ist 300 nm dick und besteht aus aufgedampften Gold. Mit MET1 können hoch präzise Strukturen mit einer minimalen Breite und minimalem Abstand von 2 µm realisiert werden. Die in dieser Arbeit verwendeten koplanaren Leitungen mit 14 µm Masse-Masse Abstand nutzen nur diese Metalllage zur Signalführung. Die zweite Metalllage (technologische Bezeichnung: METG) wird galvanisch aufgedampft und ist 2,7 µm dick. Sie kann entweder direkt auf MET1 aufgebracht werden oder als Luftbrücke in einem Abstand von 1,6 µm zur darunter liegenden Fläche. Damit lassen sich Luftbrücken zur Signalführung und zur Unterdrückung von parasitären Moden realisieren. Zwischen MET1 und METG kann auch eine 250 nm dicke Silizium-Nitrid (SiN) Schicht eingebracht werden. Sie dient zur Passivierung der Transistoren und als Dielektrikum für die MIM Kapazitäten. Mit einer Nickel-Chrom (NiCr) Schicht mit einem Schichtwiderstand von 50 $\Omega/\square$ können monolithisch integrierte Widerstände realisiert werden. Damit Substrat-Durchkontaktierungen eingebracht werden können, wird das Substrat auf eine Dicke von 50 µm gedünnt.

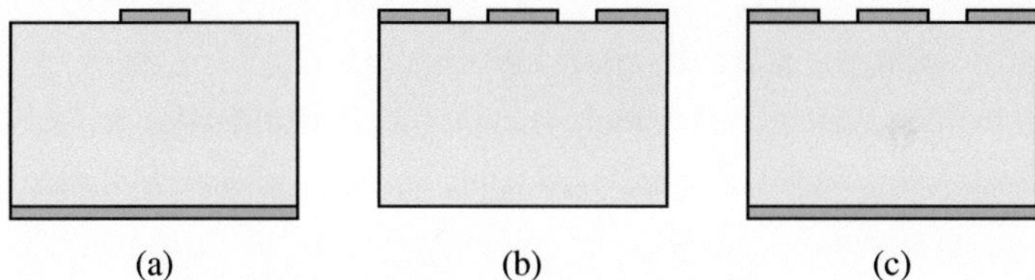

Abbildung 2.4.: Schematische Darstellung der Querschnitte durch (a) die MS Leitung, (b) CPW und (c) CPWG.

Durch die unterschiedlichen Metalllagen und die MIM Kapazitäten, ist die Technologie sehr leistungsfähig und ermöglicht verschiedene Leitungstypen, die im Folgenden kurz vorgestellt werden. In der oben beschriebenen Technologie des Fraunhofer IAF können Mikrostreifen (englisch microstrip,

MS) Leitungen und koplanare Wellenleiter (englisch coplanar waveguide, CPW) realisiert werden. Diese Leitungstypen sind die in MMIC am häufigsten verwendeten Konfigurationen. Ihr schematischer Aufbau ist in den Abbildungen 2.4a-b dargestellt.

Mikrostreifen Leitung Die konventionelle Mikrostreifenleitung (vergl. Abbildung 2.4a) besteht aus zwei Metallisierungsebenen: einer Masseebene auf der Substratrückseite und einer Signalebene auf der Substratvorderseite. Mikrostreifenleitungen erlauben sehr kompakte Schaltkreise, da nicht wie bei CPW Leitungen auch eine Massefläche auf der Substratvorderseite sein muss. Der große Nachteil der MS Leitung ist die Notwendigkeit von VIA, wenn ein Bezug zu Masse notwendig ist, was die maximale Leistungsfähigkeit und maximale Arbeitsfrequenzen von Transistoren und Kapazitäten beschränkt [Gup96]. Allerdings verfügen MS Leitungen auch über einen großen Vorteil: Da sie und ihre Diskontinuitäten analytisch beschrieben werden können sind allgemein gültige Modelle aller MS Elemente verfügbar, die auf jede Technologie angewandt werden können. Dies unterscheidet sie von allen im Folgenden vorgestellten Leitungstypen.

Quasi-uniplanare Mikrostreifen Leitung Das Problem der VIA kann gelöst werden, indem die technologischen Möglichkeiten des verfügbaren Prozesses voll ausgenutzt werden und eine quasi-uniplanare Mikrostreifenstruktur angewandt wird, wie sie bereits in [TLM+07] zur Realisierung eines schnellen MMIC Verstärkers in Fraunhofer IAF Technologie genutzt wurde. Die quasi-uniplanare Mikrostreifenleitung, deren Querschnitt in Abbildung 2.5a gezeigt ist, nutzt nur die Substratvorderseite und schließt die Substratoberfläche mit einer MET1 Ebene ab. Die MET1 Ebene ist hier die Masse der MS Leitung und die METG Ebene im Luftbrückenprozess ist der Signalleiter. In regelmäßigen Abständen sind Stützpfosten zur Abstützung der Luftbrückenleitung notwendig (vergl. Abbildung 2.5b). Im Gegensatz zur konventionellen MS Leitung ist die Realisierung von Masseverbindungen sehr störungsarm möglich, da die Masse sich auch auf der Substratvorderseite befindet. Die Nachteile dieser Leitung sind ihre vergleichsweise hohen ohmschen Verluste, da die Signalleiter dieser Luftbrücken Mikrostreifenleitung (englisch: air microstrip, AirMS) bei konstantem Z_L viel weniger breit als die einer konventionellen MS Leitung sind. Da die AirMS technisch nicht komplett in der Luft laufen kann, sondern regelmäßig abgestützt werden muss, sind gesonderte Modelle für Leitungen und Diskontinuitäten notwendig. Diese und Modelle für weitere Leitungselemente der AirMS Leitung wurden im Rahmen dieser Arbeit entwickelt. Sie sind in Abschnitt 2.6 vorgestellt und sind unverzichtbar für den Entwurf der in der Arbeit entworfenen Leistungsverstärker.

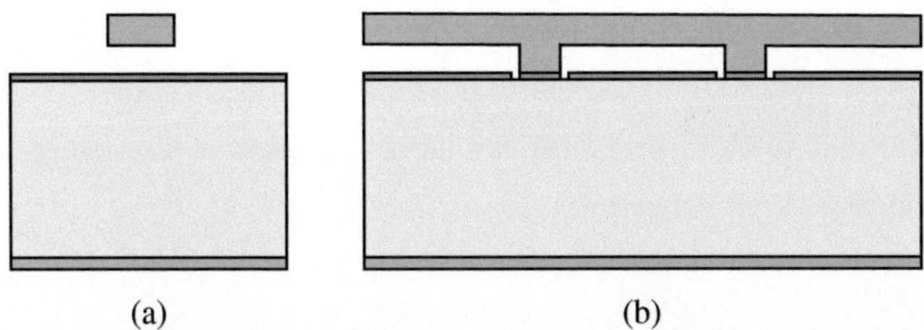

Abbildung 2.5.: Schematische Darstellung der AirMS Leitung als (a) Querschnitt und (b) Seitenansicht mit Stützpfosten.

Koplanare Wellenleiter Der Querschnitt durch einen koplanaren Wellenleiter (englisch: coplanar waveguide, CPW) ist in Abbildung 2.4b gezeigt. Ein zentraler Leiter ist umgeben von zwei Masseflächen auf der gleichen Metallisierungsebene, was bedeutet, dass auch die CPW uniplanar ist. Da sich die Masse auf der Substratvorderseite befindet ist die Anbindung von Transistoren und parallelen Elementen ohne VIA möglich. Außerdem sind durch die Masseflächen benachbarte Wellenleiter voneinander isoliert. Der größte Nachteil der koplanaren Leitung ist die Gefahr, den unerwünschten Schlitzmode anzuregen. Dies kann verhindert werden, indem an Leitungsdiskontinuitäten Luftbrücken eingebracht werden, die beide Masseflächen verbinden. Wie oben beschrieben verfügt die verwendete MMIC Technologie über eine Rückseitenmetallisierung und eine Substrathöhe von lediglich 50 µm. Dadurch breitet sich kein reiner CPW Mode aus, sondern parallel dazu auch ein MS Mode. Diese Leitungsform wird im englischen *grounded coplanar waveguide* (CPWG) genannt. Der Querschnitt durch eine solche Leitung ist in Abbildung 2.4c gezeigt.

Oberhalb von 100 GHz werden MMIC sehr häufig in CPW oder CPWG Umgebung realisiert und werden auch im Rahmen dieser Arbeit zum Entwurf von Leistungsverstärker MMIC genutzt. Im Gegensatz zur MS Leitung können die Eigenschaften von CPWG nicht analytisch geschlossen bestimmt werden, so dass die daraus resultierenden Modelle nicht auf unterschiedliche Technologien angewandt werden können. Es müssen vielmehr für jede Technologie und Leitungsgeometrie individuell Modelle entworfen werden. Diese Modelle und die Verfahren um sie zu entwickeln werden in den folgenden Abschnitten vorgestellt.

2.2.1. Leistungsfähigkeit der möglichen Leitungsstrukturen

Um die Eignung der unterschiedlichen Leitungstypen zu untersuchen wurden einfache Simulationen angestellt, welche auf der genutzten MMIC Technologie des Fraunhofer IAF aufbauen. Es wurde untersucht welche Leitungsimpedanzen innerhalb der technologischen Beschränkungen realisiert werden können. Zusätzlich sind die Leitungsverluste, bezogen auf 1 mm und bezogen auf die effektive Permittivität, untersucht und in den Abbildungen 2.6a-b zusammengestellt worden. Durch die Normierung auf die effektive Permittivität ist der Vergleich der Dämpfung bezogen auf ihre elektrische Länge möglich, die für den Schaltungsentwurf relevanter ist als die Dämpfung bezogen auf die physikalische Länge einer Leitung. Der Bezug auf die effektive Permittivität findet über den Verkürzungsfaktor VKF statt, der wie folgt definiert ist:

$$VKF = \frac{1}{\sqrt{\varepsilon_{\mathrm{r,eff}}}} \tag{2.7}$$

Aus praktischen Gründen werden beim Entwurf von MMIC nur koplanare Leitungen mit einem festen Masse-Masse Abstand verwendet. Große Masse-Masse Abstände erlauben breite Innenleiter mit geringen Leitungsverlusten, wohingegen kleine Masse-Masse Abstände sehr kompakte Schaltungen ermöglichen.

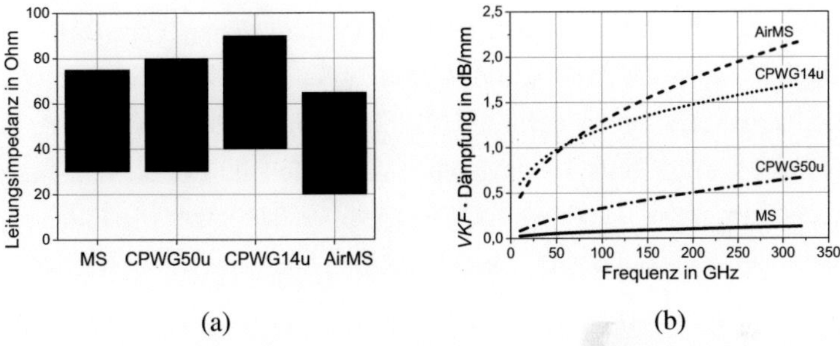

Abbildung 2.6.: Eigenschaften der vorgestellten Leitungstechnologien. (a) Vergleich der erzielbaren Leitungsimpedanzen. (b) Vergleich der auf 1 mm und die effektive Permittivität der Leitungen normierten Leitungsdämpfungen.

Der Vergleich zeigt deutlich den großen Vorteil von CPWG in 50 µm Masse-Masse Umgebung (CPWG50u) und der konventionellen MS Leitung. Mit beiden kann ein weiter Impedanzbereich abgedeckt werden und die Leitungsdämpfung beider Leitungsarten ist relativ gering. Aufgrund ihrer großen Abmessungen und dass bei der MS Leitung beispielsweise VIA benötigt werden und dass bei der CPWG50u leicht parasitäre Substratmoden angeregt werden, sind diese Wellenleiterarten nicht zum Entwurf von MMIC bei höchsten Frequenzen geeignet. Die CPWG in 14 μm Masse-Masse Umgebung (CPWG14u) und die AirMS weisen beide eine deutlich höhere Leitungsdämpfung als die konventionelle MS Leitung oder die CP-WG50u auf. Es ist zu beobachten, dass aufgrund der unterschiedlichen VKF der AirMS und der CPWG14u, ihre Dämpfung bei gleicher elektrischer Länge vergleichbar ist. Mit den beiden Wellenleiterarten können sehr kompakte Schaltungen realisiert werden und beide Ansätze decken einen weiten Impedanzbereich ab. Mit der CPWG14u können aufgrund der technologischen Beschränkung eher hohe und mit der AirMS eher niedrige Impedanzen realisiert werden. Die beiden Leitungstechnologien haben daher das Potential sich zu ergänzen, was in Kapitel 4.6 auch genutzt wird.

Dieser Abschnitt diente dazu geeignete Leitungstypen zum Entwurf von Leistungsverstärkern für den hohen mmW-Frequenzbereich auf Basis der genutzten Transistortechnologie des Fraunhofer IAF zu bestimmen. Als besonders geeignet haben sich die CPWG14u und die AirMS Leitung erwiesen, wobei es für beide Leitungstypen keine Modelle gibt die rein analytisch bestimmt werden können und geeignete Verfahren zur Modellierung der Leitungen notwendig sind, welche im Folgenden vorgestellt werden.

2.3. Verfahren zur Modellierung von Leitungsstrukturen

Da konventionelle Mikrostreifenleitungen aufgrund ihrer Feldverteilung leicht analytisch zu untersuchen und zu modellieren sind, verfügen kommerziell erhältliche CAE Programme meist über zuverlässige Modellbibliotheken und es besteht keine Notwendigkeit der prozessabhängigen Modellierung. Dies ist bei der CPWG und der AirMS Leitung aufgrund der komplexeren Feldverteilung innerhalb der Leitungen und an Diskontinuitäten nicht möglich und es müssen Verfahren gefunden werden das Verhalten dieser Leitungen zu beschreiben. Durch Abschnitt 2.1 ist bereits bekannt, dass Wellenleiter anhand von Matrizen beschrieben werden können und zur Modellierung einzelner Elemente die Leitungsparameter bestimmt werden müssen. Dies kann mit Hilfe unterschiedlicher Verfahren geschehen. Im Folgenden werden zuerst zwei aus der Literatur bekannte Verfahren vorgestellt und diskutiert. Im Anschluss daran wird der in der Arbeit entwickelte und angewandte Ansatz vorgestellt.

Modellierung anhand von Messungen CPW und CPWG werden üblicherweise modelliert indem eine Reihe von Teststrukturen entworfen, prozessiert und gemessen werden. Die Modelle der Leitungen und Diskontinuitäten werden dann auf Basis der gemessenen Strukturen entworfen. Eine Reihe von Teststrukturen sind in Abbildung 2.7 dargestellt. Es ist zu erkennen, dass innerhalb einer Teststruktur das Testobjekt häufig wiederholt platziert wird, um den Effekt des Testobjekts auf die Teststruktur zu verstärken. Dieser Ansatz verfügt über zahlreiche Nachteile. Zum einen ist er sehr zeitintensiv, da Teststrukturen entworfen und prozessiert werden müssen und es besteht eine lange Vorlaufzeit, in der keine Modelle zur Verfügung stehen. Der Ansatz ist auch sehr kostenintensiv, da viele Teststrukturen nötig sind um eine breite Modellpalette zur Verfügung zu stellen. Darüber hinaus ist der Ansatz auch sehr einschränkend, da keine Modelle von Elementen angefertigt werden können, die nicht prozessiert und gemessen worden sind. Nachteilhaft ist auch, dass die Modellierung von verschiedenen Leitungskomponenten nicht unabhängig erfolgt und eine Fehlerfortpflanzung von einem Leitungsmodell zum nächsten möglich ist. Des weiteren ist ein wichtiger Nachteil die Beschränkung aufgrund der Messungenauigkeit. Die in der Literatur veröffentlichten Modelle von CPW und CPWG wurden alle auf Basis von S-Parameter Messungen bis maximal 120 GHz erstellt. Oberhalb dieser Frequenz nimmt die Verlässlichkeit der Geräte in Bezug auf Reproduzierbarkeit und Messgenauigkeit drastisch ab und es ist nicht ratsam auf Basis unsicherer Messdaten Modelle zu erstellen. Bis 120 GHz verfügt der

Ansatz über eine große Zahl von Vorteilen, was in zahlreichen Veröffentlichungen Niederschlag findet [GSRH96, BSM+00, BVMS99, Sim01].

Die im Vorfeld der Arbeit verfügbaren Leitungsmodelle bauen alle auf diesem Modellierungsansatz auf. Zur Modellierung wurden Teststrukturen von geradlinigen Wellenleitern und Diskontinuitäten wie Verzweigungen und Kapazitäten entworfen. Diese wurden hergestellt und anschließend bis 110 GHz mit Hilfe von S-Parameter Messungen charakterisiert. Die so erstellten Modelle wurden auch zum Entwurf von Schaltungen bei Frequenzen größer als 110 GHz genutzt. Dabei wurde darauf vertraut, dass die Modelle eine Frequenzextrapolierung zulassen. Diese Annahme wird in den Abbildungen2.16a-f untersucht. Dort werden die mit Hilfe von S-Parameter Messungen erstellten Modelle *Modell: messtechnisch* genannt.

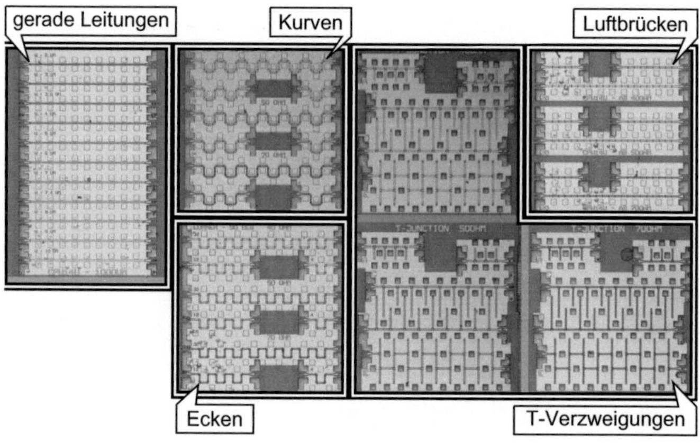

Abbildung 2.7.: Foto von koplanaren Teststrukturen zur messtechnischen Modellierung von geradlinigen Leitungen und von Ecken, Kurven, Luftbrücken und T-Verzweigungen. Das gezeigte Testfeld hat eine Abmessung von $6 \times 3\,\text{mm}^2$.

Elektromagnetische Feldanalyse zur Modellierung Als Alternative zur Modellierung anhand von Messungen wurden Versuche unternommen, allgemein gültige Modelle für koplanare Leitungen und Diskontinuitäten zu entwerfen. Die Modelle und Modellparameter wurden aus statischen elektrischen und magnetischen Potentialen bestimmt, die mit der quasi-statischen finite Differenzen Methode errechnet wurden [Wol06].

In [Wol06] wurde dieser Ansatz zur Modellierung von CPW bis zu einer Frequenz von 67 GHz verfolgt. Der Vorteil dieses Ansatzes ist, dass er prinzipiell sehr genau ist und sich vom Substratmaterial unabhängige Modelle entwickeln lassen, die lediglich von der Geometrie abhängig sind. Die Bestätigung dieses Ansatzes fand bis 67 GHz statt. Bis zu dieser Frequenz war die Übereinstimmung von Modell und Messung teilweise überragend und teilweise mit großer Phasenabweichung, die bei der Entwicklung von Anpassnetzwerken in MMIC von besonderer Bedeutung ist. Der größte Nachteil dieses Ansatzes ist, dass er wenig anschaulich ist, da die Modellparameter aus den Feldverteilungen errechnet werden.

In dieser Arbeit verfolgter Ansatz Anschauliche Ansätze zur Modellierung von Leitungselementen und Transistoren zeichnen sich dadurch aus, dass sie Parameter nutzen, die einem Entwickler von Schaltungen vertraut sind. Bei der Transistormodellierung und bei verschiedenen Ansätzen zur Leitungsmodellierung werden die frequenzabhängigen Modellparameter aus S-Parameter Messungen gewonnen und Größen wie Einfügedämpfung und Rückflussdämpfung und daraus abgeleitete Größen zur Modellierung genutzt.

Die im Folgenden vorgeschlagene Methode zur Leitungsmodellierung leidet nicht unter den Nachteilen des messtechnischen Ansatzes, da sie elektromagnetische Feldsimulationen (EMFS) als Grundlage zur Modellbildung nutzt. Sie verfügt auch nicht über die Nachteile des beschriebenen Ansatzes, der direkt aus dem elektrischen und magnetischen Feld das Modell entwickelt und die Modellparameter extrahiert. Der vorgeschlagene Ansatz vereint vielmehr die bekannten Ansätze und erweitert sie. Er nutzt die Genauigkeit des Ansatzes der Feldsimulationen und kombiniert sie mit der Anschaulichkeit des messtechnischen Ansatzes. Alle entwickelten Modelle wirken verteilt. Damit wird berücksichtigt, dass Diskontinuitäten, wie Ecken und Kapazitäten, physikalisch ausgedehnt sind und so aufgrund ihrer Abmessungen bei Frequenzen um 300 GHz eine Impedanztransformation entlang der Elemente stattfindet. Außerdem werden systematische Fehler bei der Modellierung berücksichtigt. Dieser Ansatz wird in Abschnitt 2.5 näher beschrieben und auch angewandt und in Abschnitt 2.6 messtechnisch bestätigt.

Vergleich der Verfahren Wie oben beschrieben haben traditionelle Methoden der Modellierung passiver Leitungselemente verschiedene Nachteile. Die klassische Mikrostreifenleitung kann zwar durch analytische Gleichungen modelliert werden, aber die Nachteile der MS Leitung verhindern deren Einsatz im hohen mmW-Frequenzbereich. Im Falle der messtechnischen Modellierung von Leitungselementen sind die Messsysteme und die Teststrukturen die beschränkenden Elemente. Im Falle der feld-theoretischen Modellierung sind die Komplexität und die fehlende Anschauung nachteilig. Durch die Modellierung von Leitungselementen anhand von EMFS können eine Vielzahl von Leitungselementen untersucht und modelliert werden. Durch die große Rechenleistung und die Einfachheit der zu untersuchenden Strukturen sind viele sehr detaillierte Simulationen möglich. Die Ergebnisse der EMFS sind sehr genau und nur durch Simulationseinstellungen, Simulationszeit und Implementierungsgenauigkeit beschränkt. Dies ist ein großer Vorteil. Durch diesen Ansatz können auch einzelne Diskontinuitäten optimiert und in ihnen auftretende parasitäre Elemente verringert werden. Dies ist beispielsweise im Folgenden bei den Ecken und Stützpfeilern der AirMS gemacht worden. Dort ist die Größe des Masseausschnitts optimiert worden um auftretende Reflexionen an den Elementen zu verringern.

Ziel dieser Arbeit war es Modelle für Leitungen und Diskontinuitäten zu entwerfen, die mit der Leiterbreite skaliert werden können. Durch diese Skalierbarkeit sind die Modelle sehr variabel einsetzbar, da so verschiedene Leitungsimpedanzen realisiert werden können. Diese Skalierbarkeit soll erreicht werden, indem eine große Anzahl von EMFS durchgeführt werden, die in der Summe eine genaue Beschreibung der Leitungselemente ermöglichen. Hierbei wurde in höchstem Maße darauf Wert gelegt, dass die Modelle und ihre Parameter physikalisch erklärbar sind. Die entworfenen Modelle sollen breitbandig Anwendung finden. Sie sollen von niedrigen Arbeitsfrequenzen durchgängig bis zu denen im hohen mmW-Frequenzbereich und darüber hinaus gültig sein. Dies ist auch zur korrekten Behandlung von auftretenden Harmonischen im Frequenzspektrum relevant. Nach erfolgreicher Modellierung sollen die Modelle messtechnisch verifiziert werden. Hierfür sind nur eine geringe Anzahl von Teststrukturen notwendig.

Dadurch unterscheidet sich der Ansatz deutlich von den konventionellen Ansätzen. Im Unterschied zur numerischen Modellierung können mit diesem Ansatz beliebige Leitungsstrukturen modelliert werden, und im Unterschied zur messtechnischen Modellierung sind mit diesem Ansatz viel schneller und günstiger variablere Modelle verfügbar. Diesen Vorteile bietet auch die Modellierung anhand des quasi-statischen elektrischen und magnetischen Felds. Dieser Ansatz ist allerdings wenig anschaulich und bei komplexen Strukturen sehr zeitintensiv.

In Abbildung 2.8 ist ein Vergleich der drei in der Literatur bekannten Ansätze und des hier vorgeschlagenen Ansatzes gezeigt. Die erste Spalte gibt an, wie schnell mit dem Ansatz Modelle zur Beschreibung der Wellenleiter verfügbar sind. Hier ist der messtechnische Ansatz überlegen, da die Messergebnisse direkt als Modelle genutzt werden können. Bei allen anderen Verfahren sind Zwischenschritte und die Interpretation der Ergebnisse notwendig. Der messtechnische Ansatz ist ebenso wie der hier vorgeschlagene Ansatz sehr anschaulich und der Ansatz dieser Arbeit ist auch flexibel auf

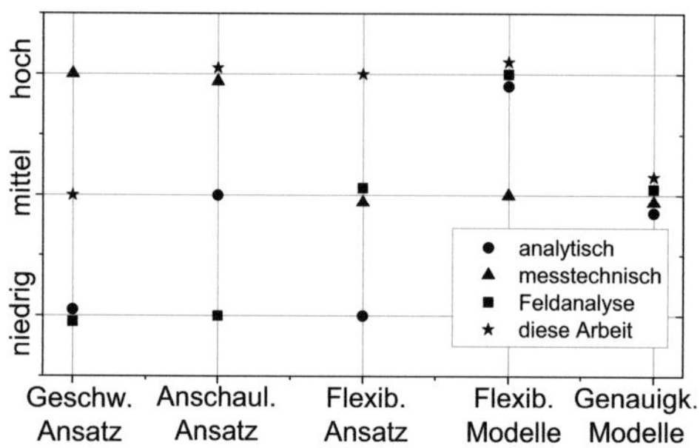

Abbildung 2.8.: Vergleich von Ansätzen zur Leitungsmodellierung.

unterschiedliche Wellenleiterarten anwendbar. Bei der Flexibilität der Modelle ist der messtechnische Ansatz allen andern leicht unterlegen, da die Modelle nur dort zuverlässig genutzt werden können, wo auch Teststrukturen zur Modellierung gemessen wurden. Die potenzielle Genauigkeit aller Ansätze ist in etwa gleich. Einerseits ist es möglich, dass bei der analytischen Modellierung Annahmen gemacht werden, welche die Genauigkeit der Modelle einschränken. Andererseits schränken Messfehler die Genauigkeit der auf Messungen beruhenden Modelle ein. In der Summe ist deutlich zu erkennen, dass die hier vorgeschlagene Methode deutliche Vorteile gegenüber den oben diskutierten Ansätzen hat. Da nur mit geeigneten und physikalisch relevanten Modellgleichungen die Skalierung der Modelle mit der Leiterbreite und ihre Frequenzextrapolierung möglich ist, werden diese im folgenden Abschnitt hergeleitet und daran anschließend angewandt.

2.4. Bestimmung der Modellgleichungen zur Beschreibung von Leitungen

Dieser Abschnitt beschäftigt sich mit der Frage wie ein Modell aufgebaut sein muss, dass das Verhalten von Wellenleitern beschrieben werden kann.

Zur Beschreibung ist zum einen die in Gleichung 2.6 gezeigte Matrix, bzw. das Modell *TLINP* notwendig, das in *Agilent*'s *ADS* verfügbar ist. Zur Modellierung von geradlinigen Wellenleitern kann das Modell *TLINP* direkt genutzt werden. Durch eine geeignete Verschaltung des Modells, können auch Diskontinuitäten wie beispielsweise Verzweigungen damit beschrieben werden [HTZ$^+$96].

Zusätzlich zum Modell *TLINP* sind auch Gleichungen notwendig, die das Verhalten des jeweiligen Wellenleiters in Abhängigkeit seiner Geometrie beschreiben und die dazu gehörigen Modellparameter. Nur so sind mit der Geometrie skalierbare Leitungsmodelle möglich. Abhängig vom Wellenleitertyp, der -geometrie und der verwendeten MMIC Technologie ergeben sich unterschiedliche Parameter für die Modellgleichungen und -parameter. Für Mikrostreifenleitungen kann eine Abhängigkeit der Parameter von der Geometrie etc. sehr einfach bestimmt werden, was aufgrund der komplexen Feldverteilung bei CPWG und AirMS Leitungen nicht möglich ist. Aus diesem Grund findet im Folgenden eine Untersuchung des prinzipiellen Verhaltens der Leitungsparameter in Abhängigkeit der Geometrie statt. Dies wurde in Ansätzen bereits in [Gup96] gezeigt, eine durchgängige Analyse mit anschließender Interpretation und Anwendung zur Modellierung konnte aber nicht in der Literatur gefunden werden. Der Vorteil dieser Analyse ist, dass die Modellparameter physikalisch interpretierbar sind. Die Modelle erlauben daher meist eine Extrapolierung, d.h. sie sind auch bei größeren oder kleineren Innenleiterbreiten oder außerhalb des zur Modellierung genutzten Frequenzbereichs gültig. Dies ist besonders bei den in der Literatur veröffentlichten Verfahren zur Leitungsmodellierung, die Messungen nutzen, nicht der Fall.

In den Abbildungen 2.4b und 2.4c ist gezeigt, wie eine CPW oder CPWG prinzipiell aufgebaut ist. Da eine CPW im Gegensatz zur CPWG über keinen zusätzlichen MS Leitungsmode verfügt, erfolgt die Untersuchung der Leitungseigenschaften anhand der CPW. Dies ist keine Einschränkung und das so bestimmte Verhalten lässt sich auch auf die CPWG, MS und AirMS Leitung anwenden. Wie in Gleichungen 2.1 und 2.3 gezeigt, ist das Verhalten einer verlustfreien Leitung durch den Induktivitäts- und Kapazitätsbelag einer Leitung gegeben. Diese Gleichungen werden beispielsweise zur analytischen Modellierung von MS Leitungen genutzt [Gup96]. Bei CPW sind solche Überlegungen nicht in der Literatur zu finden und deswegen im Folgenden ausgeführt.

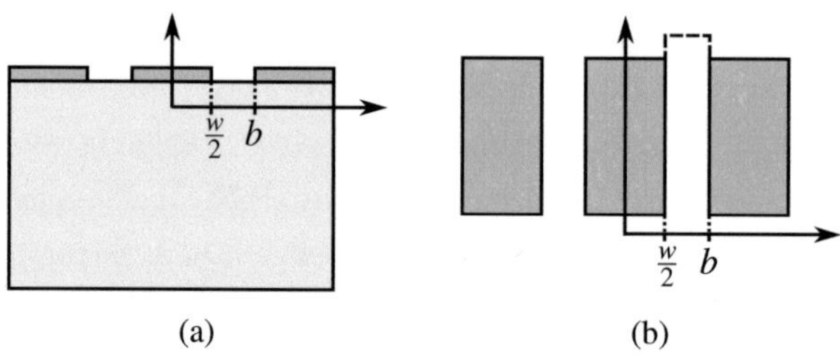

Abbildung 2.9.: Darstellungen zur Analyse der Leitungsbeläge. (a) Bestimmung des Kapazitätsbelags und (b) des Induktivitätsbelags.

Der Kapazitätsbelag einer CPW kann mit Hilfe der in Abbildung 2.9a gezeigten Vereinfachungen untersucht werden. Vereinfacht kann die Leitung als eine Parallelschaltung von zwei Plattenkapazitäten betrachtet werden. Die Kapazitäten gehen von der Leiterober- und unterseite zu den Masseflächen. Zur Vereinfachung wird im Folgenden nur eine Hälfte des Leiterquerschnitts betrachtet. Dies ist aus Gründen der Symmetrie erlaubt und weil nur das prinzipielle Verhalten der Leitung untersucht werden soll. Der Kapazitätsbelag C' lässt sich mit der Innenleiterbreite w und dem Masse-Masse Abstand $2 \cdot b$ annähern zu [Gup96]:

$$C' \propto \frac{w}{b} \tag{2.8}$$

Entsprechend kann der Induktivitätsbelag L' einer CPW ermittelt werden. In Abbildung 2.9b ist die Aufsicht einer CPW gegeben. Auch für diese

Untersuchung wird nur eine Leiterhälfte betrachtet werden. Diese kann als geschlossene Leiterschleife interpretiert werden. Damit lässt sich L' annähern zu [KMR06]

$$L' \propto \ln(\frac{w}{2b}) \tag{2.9}$$

Die anhand von den Abbildungen 2.9a-b und den Gleichungen 2.8 und 2.9 bestimmten Leitungsbeläge sind in Abbildung 2.10a dargestellt in Abhängigkeit der Innenleiterbreite dargestellt. Die minimale und maximale Innenleiterbreite sind durch die minimal realisierbaren Abmessungen innerhalb einer Technologie vorgegeben. Die Leitungsbelege sind bezogen auf ihr jeweiliges Maximum dargestellt.

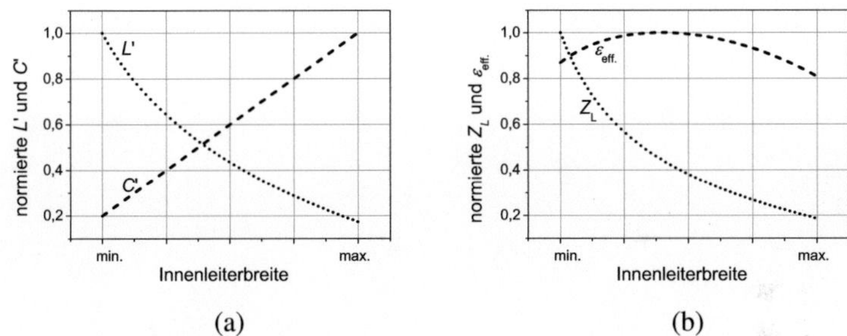

Abbildung 2.10.: Normierte Darstellung des (a) bestimmten Kapazitäts- und Induktivitätsbelags und (b) der sich daraus ergebenen Leitungsimpedanz und effektive Permittivität.

Es ist zu erkennen, dass der Kapazitätsbelag linear mit der Leiterbreite zunimmt, wohingegen der Induktivitätsbelag logarithmisch mit der Leiterbreite abnimmt. Anhand des so bestimmten Verhaltens und der Gleichungen 2.1 und 2.3 kann das prinzipielle Verhalten der Leitungsimpedanz und -permittivität in Abhängigkeit der Leiterbreite bestimmt werden. Beides ist bezogen auf das jeweilige Maximum der Kurven in Abbildung 2.10b dargestellt. Es ist zu erkennen, dass die Leitungsimpedanz mit zunehmender Leiterbreite exponentiell abnimmt, wohingegen die effektive Permittivität erst mit der Leiterbreite zunimmt, ein Maximum hat und anschließend abnimmt. Dieses Impedanz- und Permittivitätsverhalten kann auch durch Analyse der CPW durch EMFS erzielt werden und wird daher in den Leitungsmodellen genutzt. Ein besonderes Augenmerk bei der Modellierung der Leitungselemente lag darauf, dass die Modelle physikalisch erklärbar sind. Dies ist durch die erfolgte Untersuchung gegeben.

Die analytisch durch vereinfachte Betrachtungen bestimmten Abhängigkeiten der Leitungsbeläge von der Innenleiterbreite w (in µm) muss nun durch Gleichungen angenähert werden. Für die Leitungsmodelle wurde in Abhängigkeit der auf einen Mikrometer bezogenen Leiterbreite $w' = {}^{w}/_{1\,\mu\text{m}}$ die Leitungsimpedanz als

$$Z_\text{L} = z_1 + z_2 \ln(w')\ \Omega \tag{2.10}$$

umgesetzt und die effektive Permittivität wurde als Polynom zweiten Grads realisiert:

$$\varepsilon_\text{eff} = p_1 + p_2 w' + p_3 w'^2 \tag{2.11}$$

wobei z_1 und z_2 und p_1 bis p_3 die Parameter sind, die mit Hilfe der EMFS bestimmt werden. Die Modellparameterwerte für eine CPWG14u Leitung sind in Abbildung 2.14 gezeigt.

Bisher wurden nur verlustfreie Leitungen und Leitungselemente betrachtet. Durch ohmsche und dielektrische Verluste weisen Leitungen auch eine frequenzabhängige Dämpfung auf. Hier wurde der in der Literatur vorgeschlagene Ansatz verwendet, die Leitung in ihre Gleichspannungs- und Wechelspannungsverluste zu trennen [HTZ+96]. Die Gleichspannungverluste sind hierbei durch die Leitfähigkeit des Materials und den geometrischen

Querschnitt gegeben. Bei den Wechelspannungsverlusten wird nicht zwischen dielektrischen und ohmschen Verlusten unterschieden.

Die DC Verluste (A_{DC}) sind gegeben durch

$$A_{\mathrm{DC}} = \frac{a_{0,\mathrm{DC}}}{w'} \mathrm{dB/m} \tag{2.12}$$

wobei $a_{0,\mathrm{DC}}$ durch die Leitfähigkeit und Höhe des Materials gegeben ist und nicht über den EMFS Ansatz bestimmt wird. Die HF Verluste (A_{HF}) sind so modelliert, dass sie exponentiell mit der Frequenz f zunehmen und nicht von der Leiterbreite w abhängen. Diese Abhängigkeit ist aufgrund des Skin-effekts zu vernachlässigen [HTZ+96]. Das Verhalten wird nur durch die Parameter a_1 und a_2 gegeben, die durch EMFS ermittelt werden:

$$A_{\mathrm{HF}} = a_1 f^{a_2} \mathrm{dB/m} \tag{2.13}$$

Es wurden mit Hilfe von einfachen Überlegungen Modellgleichungen gefunden, die physikalisch sind und allgemein das Verhalten von CPWG beschreiben. Das in Abbildung 2.3 noch allgemein dargestellte Modell kann, wie in Abbildung 2.11 gezeigt, erweitert werden. Die Modellparameter der Gleichungen können nun mit Hilfe der EMFS und den beispielsweise in [LG-PG09] beschriebenen Methoden erstellt werden.

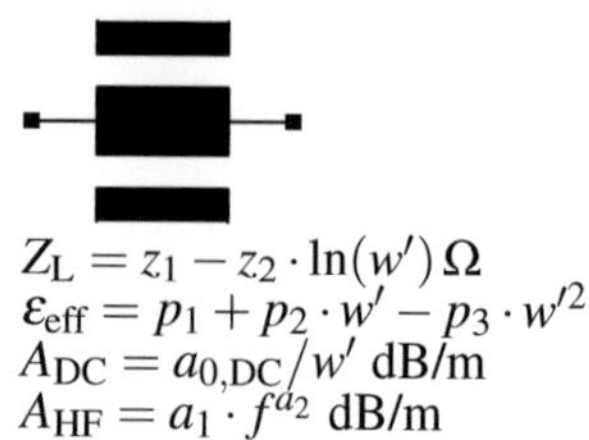

Abbildung 2.11.: Nach dem zweiten Schritt zur Modellierung steht das Leitungsmodell mit seinen Gleichungen fest und es fehlen nur noch die individuellen Leitungsparameter.

2.5. Anwendung der EMFS Methode zur Modellierung von Leitungen

In diesem Abschnitt wird das vorgeschlagene Verfahren zur Modellierung bzw. zur Bestimmung der Modellparameter angewandt und teilweise mit den Ergebnissen der messtechnischen Modellierung verglichen.

Zur Lösung der elektromagnetischen Feldprobleme wurde das Programm *CST Microwave Studio* (*CST*) genutzt, das die *Finite Integration Technique* (FIT) zur Lösung der Feldgleichungen nutzt [Wei03]. Die gegebenen Probleme wurden im Zeitbereich gelöst, da so schnell breitbandige Modelle erstellt werden können. Die in Abschnitt 2.2 präsentierten Technologiedetails des Fraunhofer IAF wurden in *CST* umgesetzt. Die in *CST* untersuchten Elemente wurden im Frequenzbereich von 0 bis 325 GHz simuliert. Eine Simulation bis zu höheren Frequenzen ist möglich, wurde aber nicht angestrebt, da eine messtechnische Bestätigung der Modelle am Institut für Hochfrequenztechnik und Elektronik nur bis zu diesem Frequenzbereich möglich ist.

Bei Mikrostreifenleitungen, koplanaren Leitungen und Leitungselementen, wie sie in dieser Arbeit untersucht wurden, ist die Leitungsimpedanz bzw. das Leitungsverhalten von der Leiterbreite abhängig. Aus diesem Grund

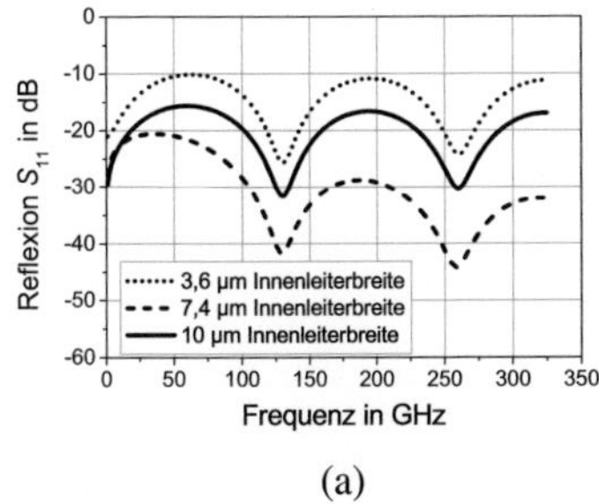

(a)

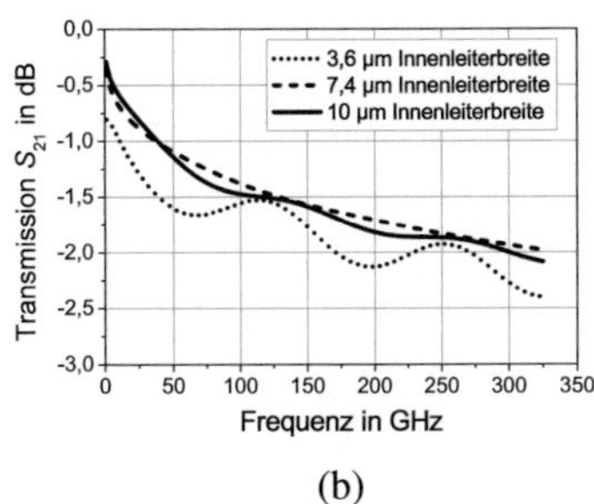

(b)

Abbildung 2.12.: Mit Hilfe von EMFS bestimmtes (a) Reflexions- und (b) Transmissionsverhalten von drei Leitungen der Länge 500 µm in CPWG14u Umgebung.

wurde die Leiterbreite innerhalb der technologischen Möglichkeiten und vorgegebenen Randbedingungen in der EMFS variiert, simuliert und die Ergebnisse exportiert. Dadurch entsteht ein Satz an S-Parameter Ergebnissen eines Elements, die sich nur durch die Leiterbreite unterscheiden. Auf Basis dieser S-Parameter wurden die Modellparameter bestimmt. Beispielhaft sind in Abbildung 2.12a-b die Parameter S_{11} und S_{21} für drei Innenleiterbreiten der CPWG14u dargestellt. Die Innenleiterbreiten von 3,6 und 7,4 µm entsprechen dabei ungefähr den Breiten, die zu $\sqrt{2} \cdot 50\,\Omega$ und $50\,\Omega$ führen und der Wert von 10 µm entspricht der breitesten Leitung, die innerhalb der technologischen Beschränkungen realisiert werden kann. Es ist zu erkennen, dass die dünnste Leitung die höchsten Gleichspannungsverluste aufweist, die Wechselspannungsverluste für alle Leitungsbreiten etwa gleich sind. Dies kann durch die gefundenen Gleichungen 2.12 und 2.13 leicht dargestellt werden.

Aus den mit EMFS erstellten S-Parametern können nun mit der Beziehung $Z_L = \sqrt{\frac{B}{C}}$ aus den in Kettenmatrizen umgewandelten S-Parametern die Leitungsimpedanz bestimmt werden. Diese ist für Innenleiterbreiten von 2 bis 10 µm in Abbildung 2.13a in drei Kurven dargestellt. Genauso können mit

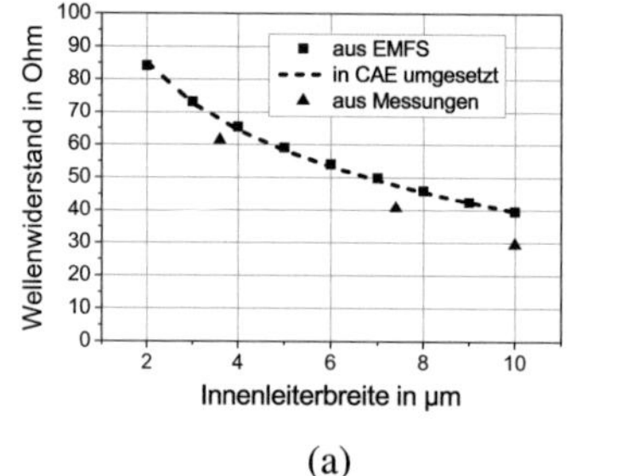

(a)

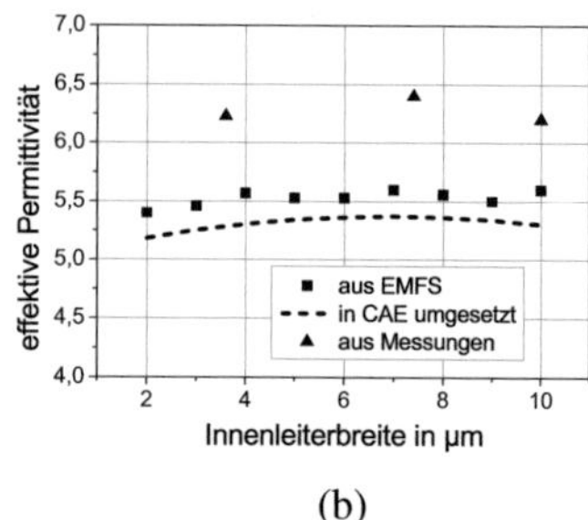

(b)

Abbildung 2.13.: Darstellung der mit EMFS bestimmten Abhängigkeit der (a) Impedanz und (b) effektiven Permittivität von der Innenleiterbreite der Leitungen. Zusätzlich sind die aus Messungen bestimmten Modellparameter angegeben.

der Beziehung $A = D = \cosh(\gamma l)$ und Gleichung 2.4 die effektive Permittivitäten der Leitungen bestimmt werden, die in Abbildung 2.13b dargestellt sind. Die mit Quadraten markierten Datenpunkten entsprechen den aus den EMFS bestimmten Werten und die gestrichelten Kurven entsprechen den an die Punkte angenäherten und im CAE Werkzeug *Agilent ADS* umgesetzten Funktionen.

Zusätzlich sind die Impedanzen und Permittivitäten mit Dreiecken markiert, die sich ergeben, wenn koplanare Teststrukturen bis 110 GHz gemessen und auf Basis derer Leitungsmodelle erstellt werden. Es ist zu erkennen, dass die analytisch bestimmten Funktionen von Impedanz und Permittivität die Abhängigkeit der Werte von der Leiterbreite sehr genau wiedergeben. Es muss auch festgestellt werden, dass es eine große Abweichung zu den mit Hilfe von Messungen bestimmten Werten gibt. Auch gibt es bei der Permittivität eine Abweichung zwischen den mit EMFS erzeugten Werten und den ins CAE Werkzeug umgesetzten Ergebnissen. Diese Abweichung ergibt sich dadurch, dass in der Abbildung die Permittivität mit der Beziehung $A = D = \cosh(\gamma l)$ dargestellt wird. Bei der Modellierung wurde besonders auch die Phase von S_{21} zur Bestimmung der Modellparameter herangezogen.

Die Analyse dieses Parameters führt zu leicht unterschiedlichen Werten, was die zu beobachtende Abweichung ergibt. Es ist auch ein Unterschied gegenüber den aus Messungen bestimmten Modellparametern zu beobachten. Das liegt daran, dass für die Messungen die Leitungen durch zusätzliche Kontaktstrukturen angebunden werden müssen. Dies ist notwendig, da sie ansonsten nicht mit Messspitzen kontaktiert werden könnten. In der Messung kann das Verhalten der Kontaktstrukturen nicht fehlerfrei vom Verhalten der Leitungen getrennt werden. Die Kontaktstrukturen beeinflussen somit die Qualität der Leistungsmodelle, die auf Basis der Leitungsteststrukturen erstellt werden können. Diese Problematik ist, wie bereits beschrieben, einer der größten Nachteile von Modellierungsverfahren, die Messungen nutzen. Außerdem kann festgestellt werden, dass mit Hilfe von Messungen nur drei Innenleiterbreiten untersucht werden konnten, da nicht mehr Teststrukturen verfügbar waren. Das demonstriert wiederholt den Vorteil EMFS zu nutzen, da damit eine größere Zahl von Teststrukturen verfügbar sind und so die Modelle umfangreicher gestaltet werden können.

$$Z_{\mathrm{L}} = 106,5 - 28 \cdot \ln(w')\,\Omega$$
$$\varepsilon_{\mathrm{eff}} = 5 + 0,1 \cdot w' - 0,08 \cdot w'^2$$
$$A_{\mathrm{DC}} = 4300/w' \text{ dB/m}$$
$$A_{\mathrm{HF}} = 700 \cdot f^{0.3} \text{ dB/m}$$

Abbildung 2.14.: Darstellung des schrittweise entwickelten Modells einer CPWG14u Leitung, das zum Entwurf von MMIC genutzt werden kann.

Die Modellparameter werden nun in das in Abbildung 2.11 gezeigte Modell eingepflegt. In Abbildung 2.14 ist beispielhaft das fertige Modell eines geradlinigen Leitungsstücks abgebildet. Es konnte ein Modell erstellt werden, welches das Verhalten einer koplanaren Leitung beschreibt. Die Grundlage dieses Modells ist die in Gleichung 2.6 gezeigte Matrix einer Leitung, die schrittweise zu einem fertigen Modell erweitert wurde. Für den Anwender sind diese Modellgleichungen nicht sichtbar, sondern lediglich die Leitungslänge und die Leiterbreite, wodurch das Modell intuitiv nutzbar und skalierbar ist.

2.6. Messtechnische Bestätigung der entworfenen Modelle

Bisher wurde motiviert warum Leitungskomponenten modelliert werden müssen und warum die auf EMFS bauende Methode Vorteile bietet. Das Vorgehen, wie mit der Methode Leitungselemente modelliert werden können, wurde vorgestellt. Im Folgenden wird nun die Genauigkeit der erstellten Modelle bestätigt. Dafür werden die Simulationsergebnisse der modellierten Elemente zuerst mit Messergebnissen der hergestellten und gemessenen Teststrukturen der Elemente verglichen. Nachdem so die Genauigkeit der Modelle bestätigt wurde, werden in Abschnitt 4.6 mit Hilfe der erstellten Leitungsmodelle komplexe Koppler entworfen. Der Vergleich der dort gezeigten Messergebnisse mit den Simulationsergebnissen kann auch zur Bestätigung der Modelle heran gezogen werden. In beiden Fällen findet die Überprüfung der Modellgenauigkeit bis 325 GHz statt.

Im Folgenden werden Simulation und Messung einer koplanaren Leitung und einer AirMS verglichen, um so die Genauigkeit der Modelle zu bestätigen. Weitere Messungen zur Bestätigung der Modellgenauigkeit, im Besonderen die Genauigkeit der modellierten Diskontinuitäten, sind in Anhang A zu finden.

Koplanare Leitung In diesem Abschnitt findet die messtechnische Bestätigung der mit der EMFS Methode modellierten Leitung in CPWG14u Umgebung statt. Die Genauigkeit der modellierten Diskontinuitäten wird in Anhang A gezeigt. Die Genauigkeit der in der Arbeit entwickelten EMFS

Methode wurde auch bereits in [DWSE+11] bestätigt, wo Simulation und Messung einer koplanaren Leitung und eines 3-dB Hybridkopplers in CPWG50u bis 325 GHz verglichen wurden und eine gute Übereinstimmung festgestellt werden konnte.

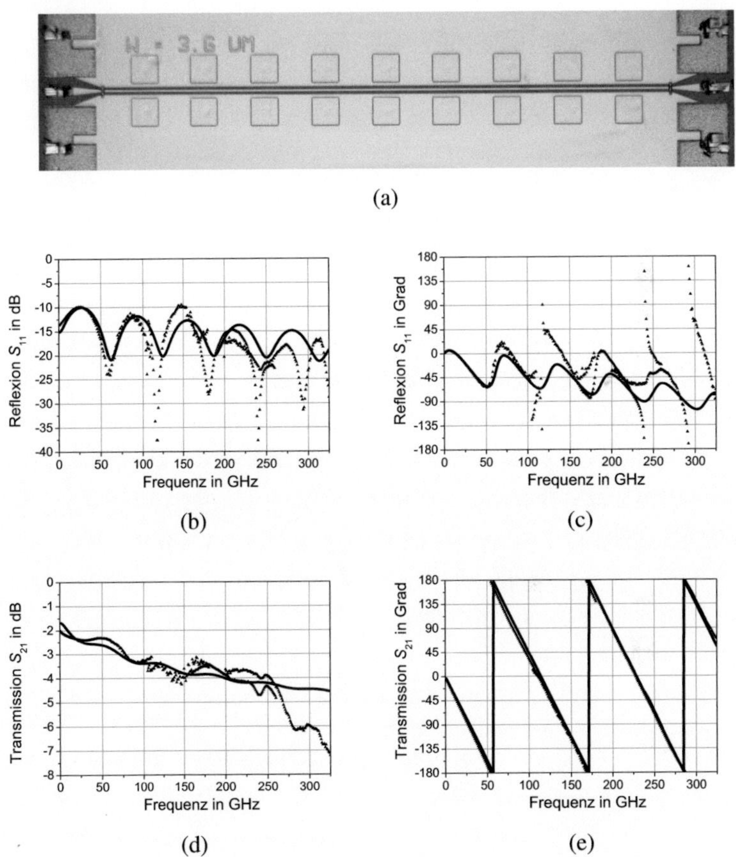

Abbildung 2.15.: (a) Foto der Teststruktur in CPWG14u Umgebung. (b-e) Vergleich von Messung und Simulation der Teststruktur. (b,c) Betrag und Phase des Reflexionsverhaltens. (d,e) Betrag und Phase des Transmissionsverhaltens. Symbole: Messungen in unterschiedlichen Frequenzbändern von 250 MHz bis 325 GHz. Linie: Simulation.

Das Foto der Teststruktur, mit der das Modell der koplanaren Leitung in CPWG14u Umgebung bestätigt wurde, ist in Abbildung 2.15a zu sehen. Es handelt sich dabei um eine Leitung der Länge 1000 μm, die an Ein- und Ausgang durch koplanare Leitungsstücke in CPWG50u angebunden ist. Die Leitungsstücke mit dem größeren Masse-Masse Abstand sind notwendig, damit die Struktur mit Messspitzen kontaktiert werden kann. Die unterschiedlichen Masse-Masse Abstände werden durch einen linearen Übergang ausgeglichen der 50 μm lang ist. Der Innenleiter der Struktur ist 3,6 μm breit, was einem Leitungswellenwiderstand von ca. 70 Ω entspricht.

Von besonderem Interesse ist das Verhalten der Transmission, da mit diesem Parameter beobachtet werden kann, ob der Wellenwiderstand, die Permittivität und die Verluste der Leitung korrekt modelliert wurden. Die Teststruktur wurde in vier Frequenzbändern von 250 MHz bis 325 GHz gemessen. Unter Berücksichtigung der Messungenauigkeit, die in allen Frequenzbändern beobachtet werden kann, ist die Übereinstimmung zwischen Messung und Simulation gut. Besonders die gute Übereinstimmung von simuliertem, d.h. modelliertem und gemessenem Betrag von S_{21} zeigt, dass sowohl die Impedanz als auch die Verluste der Leitung korrekt abgebildet wurden. Die sehr gute Übereinstimmung im Phasenverhalten von S_{21} demonstriert, dass auch die effektive Permittivität sehr genau bestimmt werden konnte. Da Phasenfehler zu fehlerhaften effektiven Längen von Leitungselementen führen können ist es besonders wichtig diesen Parameter korrekt abzubilden.

Der in den Abbildungen 2.15b-c gezeigte Vergleich von Simulation und Messung ist daher ein erster Beweis dafür, dass der in der Arbeit entwickelte Ansatz zur Leitungsmodellierung zu sehr genauen Modellen führt. Um auch zu prüfen wie flexibel der Ansatz ist, findet im folgenden Paragrafen der Vergleich auf Basis der AirMS Leitung und im Anhang A für weitere Leitungsstrukturen und -diskontinuitäten statt.

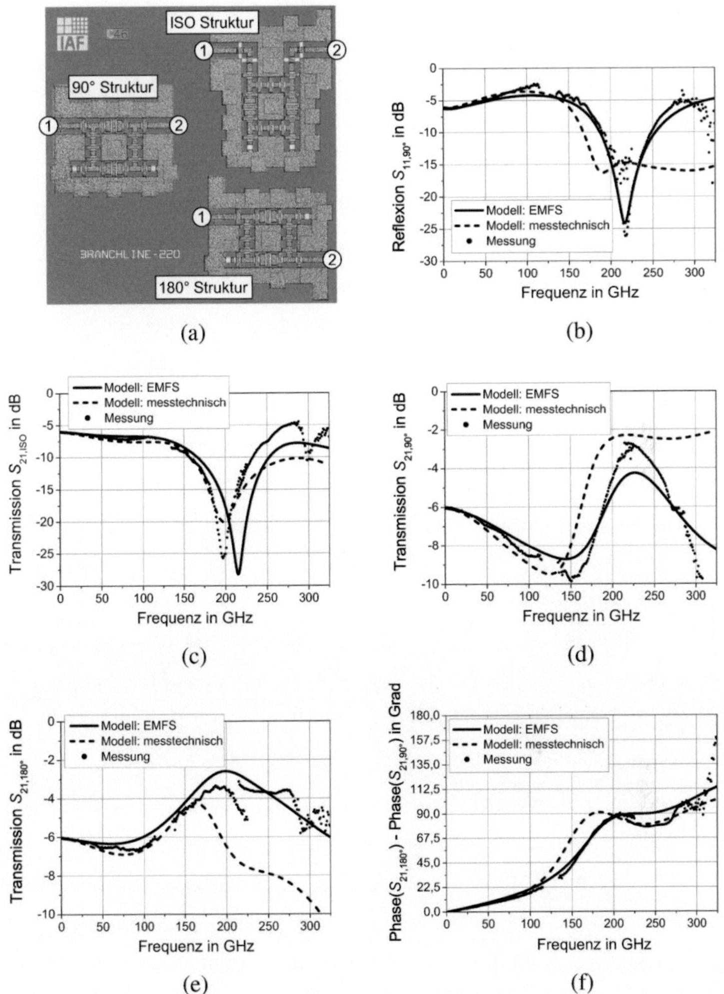

Abbildung 2.16.: (a) Foto der Teststruktur ($1 \times 1\,\mathrm{mm}^2$ Größe). (b-f) Vergleich von Messung in unterschiedlichen Frequenzbändern (Symbole) und Simulationen (Linien) von 250 MHz bis 325 GHz. (b) Reflexion der 90° Struktur. Transmission der (c) *ISO*, (d) 90° und (e) 180° Struktur. (f) Phasendifferenz in Transmission der 90° und 180° Struktur.

Branchline Koppler für 220 GHz In diesem Abschnitt findet die messtechnische Bestätigung von unterschiedlichen Leitungselementen in CPWG50u Umgebung statt, die mit der EMFS Methode modelliert wurden. Als Testobjekt wird ein Branchline Koppler genutzt, der für Frequenzen um 220 GHz entworfen wurde. In Abbildung 2.16a ist ein Foto der Teststruktur zu sehen, mit der das Frequenzverhalten des Kopplers untersucht wird. Die Struktur hat eine Größe von $1 \times 1\,\mathrm{mm}^2$. Ein Branchline Koppler ist ein rein passives Leitungsnetzwerk, dessen Verhalten durch die Längen und Impedanzen der verwendeten Leitungselemente bestimmt wird. Der Branchline Koppler ist dadurch geeignet um daran die Genauigkeit von Leitungsmodellen zu überprüfen. Im gezeigten Koppler finden sowohl geradlinige Leitungen, als auch T-Verzweigungen, Luftbrücken und Ecken Anwendung. Somit kann auf Basis der Teststrukturen die Genauigkeit einer großen Zahl von Modellen überprüft werden. Ein Branchline Koppler hat vier Ein- bzw. Ausgänge. Er teilt ein Eingangssignal auf zwei Ausgangssignale gleichen Betrags mit 90° Phasenunterschied auf. Der dritte Ausgang ist dabei isoliert vom Eingangssignal [Poz12]. Um zu überprüfen ob sich der entworfene Koppler wie gewünscht verhält, sind drei Teststrukturen entworfen worden. Sie sind von 250 MHz bis 325 GHz in drei Frequenzbändern gemessen worden. Ausgewählte Simulations- und Messkurven sind in den Abbildungen 2.16b-f gezeigt. Es ist zu erkennen, dass teilweise deutliche Sprünge in den Messungen zwischen den Frequenzbändern zu sehen sind. Das ist auf Ungenauigkeiten bei der Kalibrierung der Messgeräte zurückzuführen, die bei Frequenzen größer als 110 GHz typisch sind. Dies bestätigt den in dieser Arbeit verfolgten Ansatz, Messungen nur zu verwenden um das prinzipielle Verhalten der Strukturen und so die Modellgenauigkeit zu überprüfen.

Abbildung 2.16b zeigt die gemessene Anpassung am Eingang der 90° Teststruktur. Gleichzeitig sind zwei Simulationskurven zu sehen. In der ersten Simulation werden die in der Arbeit entwickelten Leitungsmodelle genutzt.

In der zweiten Simulation werden die Modelle verwendet, die im Vorfeld der Arbeit verfügbar waren und die auf Basis von S-Parameter Messungen erstellt wurden. Der Betrag des Transmissionsverhaltens der drei Teststrukturen ist in den Abbildungen 2.16c-e zu sehen. Die gemessene und simulierte Phasendifferenz der beiden Ausgangssignale ist in Abbildung 2.16f gezeigt. In allen Abbildungen ist zu erkennen, dass mit den Modellen, die in dieser Arbeit entworfen wurden eine gute Übereinstimmung von Messung und Simulation erreicht werden kann. In allen Fällen sind zwar Unterschiede zwischen Messung und Simulation festzustellen, das prinzipielle Verhalten der Struktur wird aber gut beschrieben. Das Frequenzverhalten der Simulation, welche Modelle nutzt die durch Messungen erstellt wurden, unterscheidet sich deutlich von den Messungen. Es ist zu erkennen, dass die Simulation das gemessene Verhalten schlecht wiedergibt. Der in den Abbildungen 2.16b-f gezeigte Vergleich demonstriert deutlich, dass es vorteilhaft ist den in dieser Arbeit entwickelten Ansatz EMFS zur Modellierung von Leitungsstrukturen zu verwenden.

Quasi-uniplanare Mikrostreifenleitung Die AirMS Leitung wurde zum ersten Mal am Fraunhofer IAF in der in [TLM+07] veröffentlichen Schaltung eingesetzt und anschließend im Zusammenhang mit dieser Arbeit ausführlich in [Län12] untersucht, wo der in dieser Arbeit entwickelte Ansatz zur Leitungsmodellierung angewandt wurde. Wie bereits in den Abbildungen 2.5a-b gezeigt wurde, nutzt die AirMS Leitung den Luftbrückenprozess des Fraunhofer IAF, d.h. die Leitung nutzt Luft als Substrat und muss daher regelmäßig aus Gründen der Stabilität abgestützt werden. Eine AirMS Leitung ist immer eine Serienschaltung aus Leitungsstück und Stützpfosten und beide Elemente können nicht unabhängig voneinander charakterisiert werden.

Zur Überprüfung ob das Verhalten der AirMS Leitung und der Stützpfosten korrekt modelliert wurde, wurde die in Abbildung 2.17a gezeigte Teststruk-

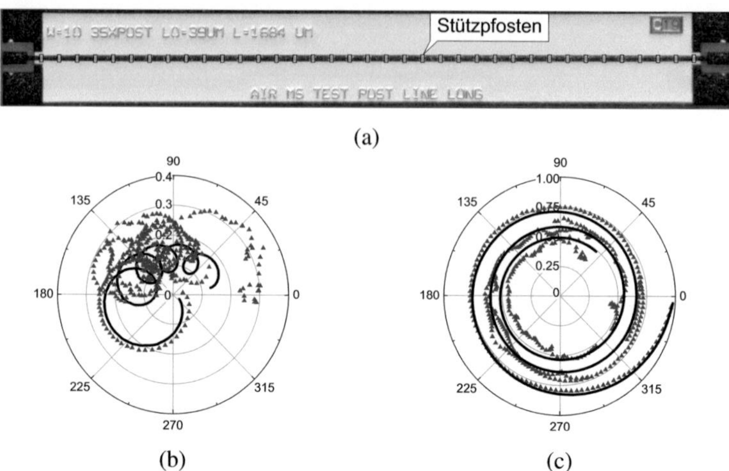

Abbildung 2.17.: (a) Foto der Teststruktur und (b-c) Vergleich von Messung und Simulation der AirMS Teststruktur mit Leitungen und Stützpfosten von 250 MHz bis 325 GHz. (b) S_{11} und (c) S_{21}. Symbole: Messungen in unterschiedlichen Frequenzbändern. Linie: Simulation.

tur gemessen. Sie besitzt koplanare Ein- und Ausgänge um mit koplanaren Messspitzen gemessen werden zu können. Zwischen den koplanaren Ein- und Ausgängen befindet sich eine Struktur mit einer Gesamtlänge von 1684 µm und einer Leiterbreite von 10 µm. Die Struktur selbst stellt eine Kaskade aus AirMS Elementen der Länge 35 µm dar, die durch 35 Stützpfosten verbunden sind.

Das simulierte und gemessene Reflexionsverhalten ist in Abbildung 2.17b im Smith Diagramm und das Transmissionsverhalten ist in Abbildung 2.17c im Polar Diagramm dargestellt. Beide Abbildungen zeigen das simulierte und gemessene Verhalten der Struktur im Frequenzbereich von 1 GHz bis 325 GHz, wofür die Struktur in vier unabhängigen Frequenzbereichen gemessen wurde. Wie bei der koplanaren Leitung ist eindeutig zu sehen, dass besonders das Transmissionsverhalten bis zu höchsten Frequenzen sehr genau wieder gegeben wird und auch die Reflexionsparameter sehr genau übereinstimmen. Die AirMS Leitung und deren Modelle können somit zum Schaltungsentwurf eingesetzt werden. Die Genauigkeit der modellierten Leitungselemente wird auch in den Abbildungen 4.20b-c überprüft, wo Simulation und Messung eines Kopplers verglichen werden, der auf Basis der entworfenen Leitungsmodelle entwickelt wurde.

2.7. Zusammenfassung und Interpretation

Im Vorfeld der Arbeit waren keine ausreichenden Modelle verfügbar, welche unterschiedliche Wellenleiterarten beschreiben, die mit der mHEMT Technologie des Fraunhofer IAF realisiert werden können. Sie waren zum einen teilweise so ungenau, dass damit bei Frequenzen oberhalb von 100 GHz nicht verlässlich komplexe MMIC entworfen werden konnten. Zum einen waren sie, unter anderem weil sie nicht skalierbar waren, nicht flexibel genug um damit neuartige Koppler zu entwerfen, wie sie bei Leistungsverstärkern benötigt werden. Es hat sich gezeigt, dass das unter anderem daran lag, dass der bisher verfolgte Ansatz zur Leitungsmodellierung auf Basis von Messdaten nicht ausreichend genau war und dass damit nicht ausreichend viele und flexible Modelle erstellt werden konnten. Aus diesem Grund wurde im Rahmen dieser Arbeit ein Ansatz zur Modellierung von Leitungselementen entwickelt, der EMFS als Basis zur Modellierung nutzt. Dadurch können alle Leitungselemente unabhängig und sehr detailliert untersucht und modelliert werden. Im Rahmen dieser Arbeit wurden koplanare Leitungen in CPWG14u und CPWG50u und AirMS Leitungen modelliert und so die Basis geschaffen um leistungsfähige MMIC zu entwerfen. Eine Zusammenstellung aller modellierter Elemente ist in Anhang A gegeben. Die Genauigkeit der Modelle wurde messtechnisch bis 325 GHz bestätigt, indem Messungen und Simulationen von Teststrukturen verglichen wurden, welche die modellierten Elemente nutzen. Auf Basis der modellierten CPWG14u und AirMS Leitung wird in Kapitel 4 ein neuartiger Koppler entwickelt, der entscheidend dazu beiträgt, die verfügbare Ausgangsleistung der damit entworfenen Leistungsverstärker zu steigern. Dieser Koppler ist auf sehr genaue und flexibel nutzbare Leitungsmodelle angewiesen, die erst durch die in diesem Kapitel vorgestellten Arbeiten verfügbar waren.

3. Aktive Komponenten in integrierten Schaltungen

Schnelle Hetero-Struktur Feldeffekttransistoren stehen im Fokus dieses Kapitels, da sie entscheidend den Entwurf von MMIC für den hohen mmW-Frequenzbereich ermöglichen. Notwendig dafür sind nicht nur schnelle Transistoren, sondern auch Transistormodelle, die das Verhalten der Transistoren verlässlich beschreiben. Wie in Abbildung 3.17 gezeigt wird, waren die im Vorfeld der Arbeit verfügbaren Transistormodelle der verwendeten MMIC Technologie nicht immer in der Lage den physikalischen Transistor so gut zu beschreiben, dass instabile Verstärker bereits in der Entwurfsphase erkannt und ausgeschlossen werden können. Traditionell werden Transistormodelle auf Basis von S-Parameter Messungen erstellt. Wie sich bereits in Kapitel 2 gezeigt hat, sind Messungen vor allem bei Frequenzen größer als ca. 110 GHz so fehlerbehaftet, dass sie sich nicht als Basis zur Modellierung eignen. Im Rahmen dieser Arbeit wurde daher ein Ansatz zur Transistormodellierung entwickelt, der wie bei der Leitungsmodellierung EMFS nutzt. Dieser Ansatz wird angewandt um damit alle passiven Elemente der modellierten Transistoren zu bestimmen. Die so erzeugten Modelle werden anschließend mit Hilfe von Messungen durch ein Modell des aktiven Transistors ergänzt. Abschließend werden sie messtechnisch bis 325 GHz bestätigt und zum Entwurf von Leistungsverstärkern verwendet.

Im Rahmen dieser Arbeit finden zum Verstärkerentwurf nur Transistoren in Kaskode-Anordnung Anwendung, deren Schaltsymbol und Layout schematisch in den Abbildungen 3.1a-b dargestellt ist. Eine Kaskode besteht aus

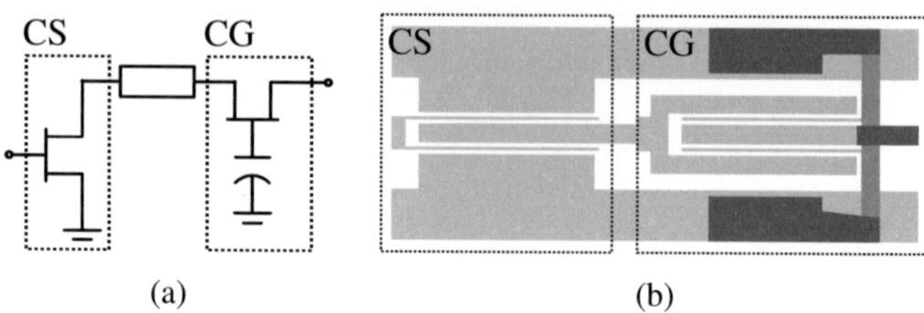

Abbildung 3.1.: (a) Schaltsymbol und (b) schematische Darstellung der zum Entwurf von Leistungsverstärkern genutzten Kaskode-Anordnung mit zwei parallelen Gate-Fingern.

einer Serienschaltung eines Transistors in Common-Source (CS) und eines Transistors in Common-Gate (CG) Anordnung, die mit einem Stück Leitung verbunden sind. In den Abbildungen 3.1a-b sind beide Transistoranordnungen markiert, wobei der Transistor in CS Anordnung links und der Transistor in CG Anordnung rechts in den Abbildungen ist. Erst eine bestimmte Transistoranordnung macht aus einem intrinsischen Transistor, also dem eigentlichen aktiven Element, wie er im folgenden Abschnitt vorgestellt wird, ein Schaltungselement für MMIC. Unterschiedliche Transistoranordnungen nutzen also alle das gleiche aktive Element und unterscheiden sich nur in der Art wie die Gate-, Drain- und Source-Elektroden angeschlossen werden, wodurch dessen Verhalten festgelegt wird, was in [Ell08] und [LBEHH12] ausführlich beschrieben ist. Für die unterschiedlichen Anbindungen sind unterschiedliche passive Umgebungen (extrinsische Transistoren) der intrinsischen Transistoren notwendig. In Abschnitt 4.3.2 ist zu sehen, dass eine Kaskode über ausgezeichnete Hochfrequenzeigenschaften verfügt, weswegen sie in dieser Arbeit beim Verstärkerentwurf Anwendung findet.

Die Grundlagen, die notwendig sind um das Verhalten des intrinsischen, aktiven Transistors prinzipiell zu verstehen werden in Abschnitt 3.1 vorgestellt. Die auftretenden physikalischen Effekte, die dazu führen, dass die Transistoren auch noch bis zu höchsten Frequenzen genutzt werden können, so wie die damit verbundenen Technologieparameter werden zusammengefasst. Der darauf folgende Abschnitt 3.2 beschäftigt sich mit der Modellierung von Transistoren. Es werden verschiedene Ansätze und Verfahren vorgestellt und ihre Vor- und Nachteile herausgearbeitet. Es wird ein neuer Ansatz entwickelt und in Abschnitt 3.3 angewandt, der wie bei der Leitungsmodellierung EMFS nutzt und diese geeignet mit Messungen kombiniert. Die Genauigkeit dieses Ansatzes wird in Abschnitt 3.4 messtechnisch bis 325 GHz bestätigt.

3.1. Beschreibung der verwendeten Transistortechnologie

In Abschnitt 1.2 wurde gezeigt, dass nur Transistoren, die InP Verbindungshalbleiter nutzen, in der Lage sind im hohen mmW-Frequenzbereich ausreichend Ausgangsleistung bereit zu stellen, die für große Systemreichweiten und hohe Datenraten benötigt wird. In der Einleitung wurde auch dargelegt, dass aufgrund von Systemüberlegungen nur Feldeffekttransistoren in Frage kommen um in dem Frequenzbereich leistungsfähige Sende- und Empfangs-MMIC zu entwerfen. Aufgrund ihrer Vorteile in Bezug auf Kosten und Aufbautechnik werden daher in dieser Arbeit MMIC genutzt, die GaAs mHEMT verwenden. Der Ausdruck mHEMT ist aus zwei Teilen zusammengesetzt: Dem Begriff HEMT, das ausdrückt, dass der Kern des Feldeffekttransistors eine Hetero-Struktur ist, die verantwortlich für die hervorragenden Hochfrequenzeigenschaften ist, und dem Begriff metamorph, das ausdrückt, dass der HEMT gitter-relaxiert mit einer Übergangsschicht (englisch: buffer) auf dem Trägersubstrat realisiert ist.

Schnelle Transistoren müssen über eine hohe Beweglichkeit und Sättigungs-Drift-Geschwindigkeit der Ladungsträger und eine hohe Ladungsträgerdichte verfügen [Wei07], was mit Transistoren, die einen Hetero-Übergang nutzen, möglich ist. Ein Hetero-Übergang tritt auf, wenn zwei Halbleiter mit unterschiedlichen Kristallstrukturen mit unterschiedlichen Bandabständen zusammen gebracht werden. Genauer ausgedrückt wird ein Halbleiter mit ei-

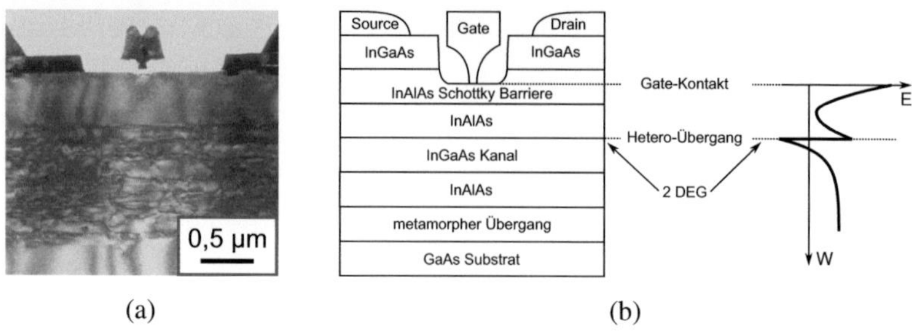

(a) (b)

Abbildung 3.2.: (a) Querschnitt durch einen mHEMT [Tes05]. (b) Schematische Darstellung des Querschnitts und damit verbundenes Banddiagramm [Wei07].

ner kleinen Elektronenaffinität mit einem undotierten Halbleiter mit großer Elektronenaffinität in Kontakt gebracht. Elektronen diffundieren in den elektronenaffinen Halbleiter, bis die Diffusionsspannung dem Konzentrationsgradienten entgegen wirkt und ein Gleichgewicht entsteht. Dadurch verbiegen sich die Bandkanten und eine positive Ladungsträgerregion entsteht im dotierten Halbleiter. Die Coulomb-Ladung hält die Ladungsträger am Halbleiterübergang. Ein zweidimensionales Elektronengas (2 DEG) bildet sich aus, das sich entlang des Übergangs bewegen kann. Durch die räumliche Trennung der Ladungsträger und der Donatoren ist die Coulomb-Streuung reduziert, was zu einer hohen Elektronenbeweglichkeit führt [Wei07,Sze13]. Ein Querschnitt durch einen mHEMT, die schematische Darstellung dessen und das damit verbundene Banddiagramm sind in Abbildung 3.2 dargestellt. In Abbildung 3.2a ist der Querschnitt durch einen mHEMT mit einer Gate-Länge $l_g = 100$ nm gezeigt. Es sind deutlich die T-Struktur des Gates und der Übergang zu erkennen, der metamorph die Gitterkonstanten des Substrats und des Kanals anpasst. In Abbildung 3.2b ist die schematische Darstellung des Querschnitts zu sehen und das sich daraus ergebende Banddiagramm.

Transistoren können können als Verkettung eines intrinsischen und eines extrinsischen Transistors verstanden werden. Der intrinsische Transistor ist das aktive Element, das für die Strom- und/oder Spannungsverstärkung sorgt.

Dieses ist in ein Netzwerk von Zuleitungen eingebettet, was auch extrinsischer Transistor oder parasitäre Schale genannt wird. Im Gegensatz zum intrinsischen Transistor verhält sich der extrinsische Transistor rein linear. Er ist unabhängig von den Versorgungsspannungen oder der Signalleistung des Hochfrequenzsignals, die am Transistor anliegen. Das Verhalten des intrinsischen Transistors hingegen ist stark abhängig von diesen Parametern.

In Abbildung 3.3 ist der Querschnitt durch einen Feldeffekttransistor zusammen mit seinem Kleinsignalersatzschaltbild schematisch dargestellt. Das intrinsische Verhalten kann vereinfacht durch die im Kanal auftretenden Kapazitäten C_{GS}, C_{GD} und C_{DS}, den Ausgangswiderstand R_{DS} und die spannungsgesteuerte Stromquelle mit dessen Transkonduktanz g_{m} beschrieben werden. Häufig sind in den Kleinsignalmodellen zur Beschreibung von GaAs mHEMT auch die Zeitkonstante τ und Widerstände zur Beschreibung des Umladeverhaltens der Kapazitäten und der Leckströme zu finden. Im Frequenzbereich bis 110 GHz, der zur messtechnischen Modellierung des intrinsischen Transistors herangezogen wird, kann der Einfluss dieser Elemente nicht beobachtet werden [SESLM10]. Die Parameter werden daher im Folgenden nicht weiter berücksichtigt.

Der intrinsische Transistor wird durch die parasitären Kontaktwiderstände am Drain R_{Dp} und der Source R_{Sp} und den im Gate-Finger auftretenden Gate-Widerstand R_{Gp} über die Induktivitäten L_{Gp}, L_{Dp} und L_{Sp} und die Koppelkapazitäten C_{GDp}, C_{GSp} und C_{DSp} angeschlossen. Zusätzlich wirken Gegeninduktivitäten zwischen den parasitären Induktivitäten, die in nur wenigen Veröffentlichungen Beachtung finden. In Abbildung 3.8 ist zu sehen, dass sie für diese Arbeit relevant sind, worauf im Folgenden näher eingegangen werden wird. Auf Basis dieses Ersatzschaltbilds lassen sich nun für eine Technologie wichtige Größen wie Grenzfrequenz etc. beschreiben, was im Folgenden getan wird.

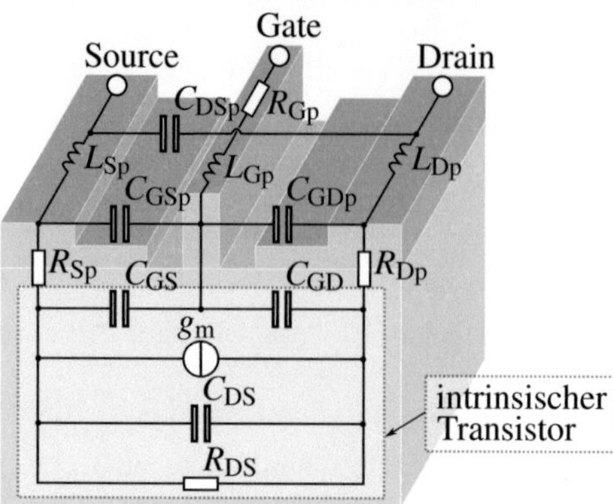

Abbildung 3.3.: Schematische Darstellung eines Transistors und dessen Kleinsignalersatzschaltbild mit den zugehörigen intrinsischen und extrinsischen Elementen.

Die folgenden Gleichungen sind aus [Sze13] und [Wei07] entnommen und gegebenenfalls auf das hier genutzte Ersatzschaltbild des Transistors angepasst. Neben der Fähigkeit eine hohe Ausgangsleistung bereitstellen zu können, benötigen die in dieser Arbeit angestrebten Leistungsverstärker aufgrund der hohen Frequenz eine ausreichend große Verstärkung, die direkt mit der Transkonduktanz g_m des Transistors verknüpft ist. Sie ergibt sich aus dem differenziellen Drain-Strom ∂I_D und der differenziellen Gate-Source-Spannung ∂V_{GS} des Transistors wie in Gleichung 3.1 zu sehen ist. Sie ist proportional zur Gate-Source-Kapazität C_{GS} und zur Sättigungs-Drift-Geschwindigkeit v_{sat} und invers proportional zur Gate-Länge l_g.

$$g_m = \frac{\partial I_D}{\partial V_{GS}} = \frac{C_{GS}}{l_g} \cdot v_{sat} \tag{3.1}$$

Die Hochfrequenzeigenschaften eines Transistors können mit der maximalen Oszillationsfrequequenz f_{max} und der Transitfrequenz f_t beschrieben werden. Die Transitfrequenz gibt die Frequenz an, bei der die Kurzschlussstromverstärkung $h_{21} = 1$ wird (vergl. Gleichung 3.2). In Gleichung 3.3 ist näherungsweise f_t angegeben.

$$h_{21} = \left. \frac{\partial I_D}{\partial I_{GS}} \right|_{V_{DS=0}} \tag{3.2}$$

$$f_t \approx \frac{g_m}{2\pi \cdot C_{GS}} = \frac{v_{sat}}{2\pi \cdot l_g} \tag{3.3}$$

Für den Verstärkerentwurf ist die maximale Oszillationsfrequequenz von größerer Bedeutung. Sie gibt die Frequenz an, bei der $MAG = 1$ entspricht. Das *MAG* gibt die maximal verfügbare Verstärkung an (englisch: maximum available gain, MAG), die sich für einen eingangs- und ausgangsseitig leistungsangepassten Transistor ergibt. In Gleichung 3.4 ist f_{max} näherungsweise dargestellt. Die Frequenz ergibt sich aus dem parasitären Drain-Widerstand R_{Dp}, dem parasitären Gate-Widerstand R_{Gp} und dem parasitären Source-Widerstand R_{Sp}, die in Abbildung 3.3 dargestellt sind.

$$f_{max} \approx \sqrt{\frac{f_T}{8\pi \cdot R_{Gp} \cdot (C_{GD} + C_{GDp})}} \tag{3.4}$$

Die zentrale Größe beim Entwurf von Leistungsverstärkern ist die mit einer Transistortechnologie maximal erzielbare Ausgangsleistung. Solange die Arbeitsfrequenz eines Leistungsverstärkers deutlich geringer als die Grenzfrequenzen des verwendeten Transistors sind, kann die maximale HF-Ausgangsleistung $P_{HF,max}$ eines Transistors wie in Gleichung 3.5 als Produkt des maximalen Drain-Source-Spannungshubs $V_{DS,peak}$ und des maximalen Drain-Stromhubs $I_{D,peak}$ [Wal12] angegeben werden.

Tabelle 3.1.: Eigenschaften der in der Arbeit genutzten mHEMT Technologien des Fraunhofer IAF [LTM+12, LTM+08].

Parameter	Symbol	Einheit	M40	M45
Gate-Länge	l_g	nm	50	35
maximaler Drain-Strom	$I_{D,max}$	mA/mm	1300	1600
Sperr-Durchbruchspannung	$V_{BD,off}$	V	3	2.6
maximale Transkonduktanz	$g_{m,max}$	mS/mm	2100	2800
Transitfrequenz	f_t	GHz	370	515
maximale Oszillationsfrequenz	f_{max}	GHz	$\sim$670	>900

$$P_{HF,max} = \frac{V_{DS,peak} \cdot I_{D,peak}}{2} \tag{3.5}$$

In Falle dieser vereinfachten Betrachtung können also durch eine geeignete Lastimpedanz (und somit Lastgerade), der Spannungs- und Stromhub am Drain des Transistors maximiert werden, was zu der größtmöglichen Ausgangsleistung führt.

Da sich das Ausgangssignal im hohen mmW-Frequenzbereich nicht mehr rein resistiv auf der Lastgerade bewegt, sondern eiförmige Spannungs- und Stromtrajektorien auftreten [Tas09] ist eine so vereinfachte Betrachtung nicht ausreichend, worauf in Abschnitt 4.3 näher eingegangen wird.

Im Rahmen dieser Arbeit werden zwei mHEMT Technologien des Fraunhofer IAF angewandt. Sie unterscheiden sich grundsätzlich in ihrer Gate-Länge und den damit verbundenen Eigenschaften. Zum Entwurf von Leistungsverstärkern finden die mHEMT Technologie mit 50 nm Gate-Länge (M40) und mit 35 nm Gate-Länge (M45) Anwendung. Die Eigenschaften der beiden mHEMT Technologien sind in Tabelle 3.1 zusammengefasst.

3.2. Verfahren zur Modellierung von Transistoren

Dieser Abschnitt beschäftigt sich mit der Modellierung von Transistoren und beginnt mit einer kurzen Einführung in das Thema. Es werden unterschiedliche Modellansätze und deren Vor- und Nachteile vorgestellt.

Grundsätzlich gibt es mehrere Ansätze wie Transistoren modelliert werden können [Rud12, Aae12]. Transistoren können entweder physikalisch oder empirisch beschrieben werden. Sie können entweder so gestaltet sein, dass sie nur das Kleinsignalverhalten oder auch das Großsignalverhalten eines Transistors beschreiben. Die prinzipiellen Unterschiede sind im Folgenden zusammen gestellt und die Relevanz der Ansätze für diese Arbeit wird herausgestellt.

Physikalischer oder empirischer Modellansatz Bei der physikalischen Modellierung des gesamten Transistors, d.h. des aktiven, intrinsischen Transistors und der passiven, extrinsischen Schale, werden die im Bauteil auftretenden elektromagnetischen und quantenmechanischen Effekte untersucht und modelliert. Hierfür müssen alle notwendigen Materialkonstanten wie Elektronenbeweglichkeit, Dotierung, Bandabstände etc. und der physikalische Aufbau des Transistors genau bekannt sein. Es finden entweder vereinfachte mathematische und physikalische Modelle, oder Simulationsprogramme Anwendung, die in der Lage sind die elektromagnetischen und quantenmechanischen Probleme zu lösen [Qua02]. Bei der Modellierung des intrinsischen Transistors unterliegt dieser Ansatz nicht nur grundsätzlichen Annahmen, welche die Eignung zum Schaltungsentwurf beschränken [Cur11], sondern die so erstellten Modelle sind auch meist so komplex, dass sie nur bedingt, z.B. für Optimierungsaufgaben, in CAE Werkzeugen eingesetzt werden können, da sie sehr rechenintensiv sind.

Im Gegensatz zu physikalischen Modellen, die ausschließlich das analytisch bestimmte Verhalten beschreiben, versuchen empirische Modelle das beobachtete, d.h. das gemessene Verhalten von Transistoren zu beschreiben. Dabei können sie entweder so aufgebaut sein, dass ihre Struktur physikalisch erklärt werden kann, oder dass sie rein mathematisch das Transistorverhalten beschreiben. Da mit ihnen Messungen, d.h. das beobachtete Verhalten der Transistoren abgebildet wird, beschreiben sie das Verhalten der Transistoren sehr genau, solange die Modelle innerhalb ihrer Mess- und Modellierungsgrenzen betrieben werden. Empirische Modelle können entweder anhand von Ersatzschaltbildern, die Widerständen, Kapazitäten etc. nutzen, anhand von von Tabellen, oder mit Hilfe von beliebigen Gleichungssystemen [SEMvR+07] beschrieben werden. Wenn das Transistorverhalten mit Hilfe von Ersatzschaltbildern abgebildet werden soll, dann müssen die Messdaten sehr genau analysiert und verstanden werden. Nur so ist es möglich diese in ein physikalisch realistisches Ersatzschaltbild zu überführen. Dies ist bei Tabellen, mit denen lediglich die Messdaten abgespeichert werden nicht der Fall, was dazu führen kann, dass auch fehlerhafte Datensätze genutzt werden.

Jeder Ansatz einen Transistor zu beschreiben hat seine Vor- und Nachteile. Sie unterscheiden sich hauptsächlich anhand ihrer physikalischen Deutbarkeit, notwendigen Rechnerleistung und besonders wichtig, ihrer Extrapolierungsfähigkeit. Diese gibt an, ob das Modell auch außerhalb seiner ursprünglichen Modellierungsgrenzen angewandt werden kann. Es geht also um die Frage, ob ein Modell eines Transistors, der bis zu einer bestimmten Frequenz oder einem bestimmten Arbeitspunkt charakterisiert und modelliert wurde, auch bei höheren Frequenzen oder unterschiedlichen Arbeitspunkten genutzt werden kann. Dies ist bei Modellen, die Tabellen nutzen, wie z.B. der sehr populären X-Parameter Modelle [VR06] nicht möglich. Dies steht im Gegensatz zu physikalischen Modellen, die eine Extrapolierung immer erlauben, solange alle dabei auftretenden Effekte im Modell abgebildet sind.

Kleinsignal- oder Großsignalmodellierung Bei der Kleinsignalmodellierung wird das Transistorverhalten bei einem festen Arbeitspunkt untersucht, wobei das Eingangssignal so klein ist, dass die Abhängigkeit des verstärkten Ausgangssignals linear zum Eingangssignal ist. Durch diese Annahmen ist das Transistormodell sehr einfach (vergl. Abbildung 3.3) und meist auch sehr genau. Das Modell eignet sich allerdings nicht dazu das Großsignalverhalten eines Transistors zu beschreiben. Die Transistorkennlinien wie die Eingangskennlinie, die Transferkennlinie und die Ausgangskennlinien sowie die Abhängigkeit des Ausgangssignals vom Eingangssignal, wenn dieses den Transistor nicht linear um einen Arbeitspunkt aussteuert, können nur von einem Großsignalmodell abgebildet werden. Die in der Literatur veröffentlichten Kleinsignalmodelle unterscheiden sich nicht wesentlich von einander und haben alle prinzipiell den gleichen Aufbau [APW07]. In der Literatur sind sehr viele Großsignalmodelle zur Beschreibung von HEMT veröffentlicht. Sie unterscheiden sich in der Art, wie die spannungsabhängigen Elemente, wie die Verstärkung der Stromquelle, die intrinsischen Kapazitäten etc., beschrieben werden [GNS06]. Für HEMT besonders interessant ist das *EEHEMT* Modell von *Agilent* [Agia], das Chalmers Modell [AZR92] und das am Fraunhofer IAF entwickelte Modell [SEMvR$^+$07].

In dieser Arbeit verfolgter Ansatz Die in dieser Arbeit erstellten Modelle sollen im hohen mmW-Frequenzbereich eingesetzt werden. Da die Messtechnik bislang aber nur bis zu Frequenzen um 110 GHz so zuverlässig ist, dass die damit generierten Messdaten zur Modellierung genutzt werden können, ist eine Extrapolierung der Frequenz notwendig. Deshalb wird, genauso wie bei der Leitungsmodellierung, darauf geachtet, dass die Modelle physikalisch erklärbar sind, und dadurch prinzipiell eine Extrapolierung möglich ist.

Aufgrund der oben beschriebenen Vor- und Nachteile wird in dieser Arbeit die empirische Modellierung von Transistoren verfolgt. Die Modelle sind so aufgebaut, dass die simulierten, gemessenen und modellierten Effekte physikalisch erklärbar sind. Es werden in der Literatur verfügbare und erprobte Modelle und Methoden angewandt um die Modellparameter zu bestimmen. Zusätzlich dazu wird in dieser Arbeit ein Ansatz zur Transistormodellierung verfolgt, der EMFS zur Beschreibung des extrinsischen Transistorverhaltens nutzt. Wie im Folgenden gezeigt werden wird, hat dieses Vorgehen den Vorteil, dass so der intrinsische vom extrinsischen Transistor getrennt werden kann und dass beide Netzwerke so sehr genau bestimmt werden können.

Im Gegensatz zu veröffentlichten Ansätzen wird in dieser Arbeit nicht das Ergebnis der EMFS direkt, sondern die Interpretation als Ersatzschaltbild genutzt, was, wie gezeigt werden wird, zahlreiche Vorteile bietet.

Mit Gleichung 3.5 wurde gezeigt, dass bei einem idealen Transistor, bzw. solange die Arbeitsfrequenzen viel kleiner als die Grenzfrequenzen des Transistors sind, die Ausgangsleistung eines Verstärkers optimiert werden kann, indem der Spannungs- und Stromhub am Drain des Transistors maximiert wird. In Abschnitt 4.3 wird gezeigt, dass es nicht vorteilhaft ist dieses Verfahren im Rahmen dieser Arbeit einzusetzen. Dies lässt sich dadurch erklären, dass das Großsignalverhalten des Transistors nicht mehr so vereinfacht wie in Gleichung 3.5 beschrieben werden kann. Außerdem wird in Abschnitt 4.3 messtechnisch gezeigt, dass eine Großsignaloptimierung der Verstärkerschaltung keine Vorteile bringt. Zum Entwurf von Leistungsverstärkern im Frequenzbereich oberhalb von 200 GHz ist es von größter Notwendigkeit, das Kleinsignalverhalten der Transistoren korrekt zu beschreiben, da damit die frequenzabhängige Kleinsignalanpassung und -verstärkung abgebildet werden kann. Der in der Arbeit verfolgte Ansatz setzt daher Kleinsignalmodelle zur Beschreibung des intrinsischen Transistors ein. Die beim Entwurf von Leistungsverstärkern nötige Maximierung der Ausgangsleistung wird ausschließlich über geeignete Kopplerkonzepte erzielt, die in Abschnitt 4.6 entwickelt und vorgestellt werden.

Die hier vorgeschlagene Methode wird im folgenden EMFS+M genannt, da sie EMFS zur Charakterisierung der passiven Elemente und Messungen zur Beschreibung des aktiven Transistors nutzt.

3.3. Anwendung der EMFS+M Methode zur Modellierung von Transistoren

Der Transistormodellierung, wie sie im Folgenden verfolgt wird, liegen unterschiedliche Annahmen zu Grunde. Zum einen wird angenommen, dass der intrinsische Transistor, welcher das eigentlich und ausschließlich aktive Element darstellt, vom extrinsischen Transistor, d.h. den rein passiv wirkenden Zuleitungen, getrennt werden kann. Dies ist keine neue Überlegung und wird beispielsweise auch am Fraunhofer IAF und in [LDQ+99]angewandt. Es wird weiter angenommen, dass das Verhalten des extrinsischen Transistors mit EMFS beschrieben werden kann. Dies ist naheliegend, da es sich bei diesem um ein rein passives Element handelt. Auch diese Überlegung ist nicht neu und wurde bereits in [Bla12,LMB+98,CCHI00] verfolgt. Dort wurden aber immer nur Teile und nie der gesamte extrinsische Transistor untersucht.

In dieser Arbeit ist neu, dass nicht nur Teile des extrinsischen Transistors untersucht werden, wie es in der oben angegebenen Literatur getan wurde, sondern das gesamte Netzwerk. Der extrinsische Transistor wird dafür in Elemente unterteilt, die einzeln betrachtet und untersucht werden können. Nach erfolgreicher Untersuchung und Modellierung werden dann die Modelle der Elemente genutzt, um das gesamte extrinsische Netzwerk zu beschreiben.

Hierbei wird angenommen, dass eine Trennung in Einzelstrukturen möglich ist und dass die Gesamtheit der modellierten Elemente dem gesamten extrinsischen Transistor entspricht. Da es sich bei dem extrinsischen Netzwerk um eine passive Struktur handelt, ist die Kombination der Einzelergebnisse möglich. Der Beweis, dass dies möglich ist, erfolgt anhand von Messungen, welche die Genauigkeit der erstellten Modelle belegen.

Die Trennung des gesamten extrinsischen Netzwerks in Einzelstrukturen und die getrennte Untersuchung der Elemente hat den Vorteil, dass die Effekte, die den einzelnen Strukturen zugehörig sind, voneinander getrennt werden können. Dies ist besonders notwendig, wenn die Modelle bei sehr hohen Frequenzen genutzt werden sollen und eine Leitungstransformation entlang der Transistorzuleitungen erfolgt. Damit die modellierten Leitungsstücke klein gegen die Wellenlänge sind, werden sie nicht als eine einzige Transformation, sondern als Kaskadierung mehrerer Leitungstransformationen modelliert.

Die Ergebnisse der EMFS der untersuchten Bestandteile des parasitären Transistors werden nicht direkt genutzt, sondern in Ersatzschaltbilder überführt. Dies hat verschiedene Vorteile gegenüber Modellen, die Tabellen oder beliebige Gleichungssysteme nutzen. Zum einen wird so das mit den EMFS bestimmte Verhalten automatisch auf seine Glaubwürdigkeit überprüft. Fehlerhafte Simulationen würden zu Modellen führen, deren Verhalten nicht physikalisch erklärt werden kann. Die so erstellten Ersatzschaltbilder können auch dafür eingesetzt werden die physikalische Realisierung (englisch: Layout) der Transistorschalen zu überprüfen und gegebenenfalls zu verbessern. Einzelne Effekte können so erkannt werden und gegebenenfalls kann das Layout des Transistors angepasst werden um die parasitären Effekte zu Verringern. Vor allem ist es aber so, dass mit Ersatzschaltbildern eine Frequenzextrapolierung erfolgen kann. Die im Rahmen dieser Arbeit erstellten Modelle werden auf Basis von Simulationen bis 325 GHz erstellt. Werden die Simulationsergebnisse direkt im Modell genutzt, so sind die Modelle nur bis zu dieser Frequenz nutzbar. Durch die Überführung in ein Ersatzschaltbild können die Modelle auch bei höheren Frequenzen eingesetzt werden. Sie sind auch weiterhin in der Lage das Verhalten der modellierten Struktur zu beschreiben, solange keine neuen, frequenzabhängigen Effekte auftauchen. Das ist bei der direkten Anwendung der EMFS nicht möglich. Zusätzlich kann das Modell des extrinsischen Transistors auch dann genutzt werden, wenn ein nichtlineares intrinsisches Transistormodell, z.B. zum Entwurf von Mischern, eingesetzt wird. Wenn die Ergebnisse der EMFS direkt genutzt würden, dann lägen die Frequenzen der Harmonischen außerhalb des untersuchten Frequenzbereichs, was zu fehlerhaften Simulationsergebnissen führen kann. Modelle, die direkt die Ergebnisse der EMFS nutzen, wären also für eine große Zahl von Anwendungen nicht geeignet. Die Überführung der EMFS in Ersatzschaltbilder bietet auch die Möglichkeit flexibler auf Änderungen des extrinsischen Transistors reagieren zu können. So müssen meist nur wenige Simulationen ausgeführt werden, um gleiche Transistoranordnungen in unterschiedlichen koplanaren Umgebungen mit unterschiedlichen Masse-Masse Abständen zu modellieren (vergl. Abbildungen 3.13 mit 3.14).

Eine besondere Neuerung des in dieser Arbeit verfolgten Ansatzes ist es, den Transistorfinger, d.h. das Metall, welches den Kontakt zum eigentlichen Gate des Transistors herstellt, auch mit Hilfe von EMFS zu untersuchen. Dies erlaubt zum einen eine Optimierung der Fingerform um die parasitären Effekte zu reduzieren, zum anderen erlaubt es eine sehr genaue Trennung der extrinsischen Kapazitäten, die parallel zu den entsprechenden intrinsischen Kapazitäten liegen. Mit einem messtechnischen Ansatz ist diese Trennung nicht möglich, da auch mit den im Folgenden angewandten Methoden die Kanalkapazitäten nie von den parallel dazu verlaufenen extrinsischen Kapazitäten getrennt werden können.

Im Folgenden wird der in dieser Arbeit verfolgte Ansatz zur Modellierung des extrinsischen Transistors am Beispiel einer CG Anordnung in CPWG14u Umgebung beschrieben. Diese Anordnung wird gewählt, da sie zum einen Anwendung in den in Kapitel 4 vorgestellten MMIC findet, außerdem ist die Struktur so komplex, dass viele interessante und relevante

Ansätze zur Untersuchung des Netzwerks beschrieben werden können. Im Anschluss daran wird gezeigt, wie die Kapazitäten und die Induktivität des Transistor Gate-Fingers bestimmt werden können.

Das so mit EMFS erzeugte Modell des passiven Transistors wird dann im anschließenden Abschnitt durch ein Modell des aktiven Transistors ergänzt. Dieses wird auf Basis von Messungen erstellt, die eingeführt und angewandt werden.

3.3.1. Modellierung anhand von EMFS

Im Folgenden wird der in der Arbeit entwickelte Ansatz zur Modellierung der parasitären Schale von Transistoren beschrieben. Er wird beispielhaft an einem Transistor in Common-Gate Anordnung ausgeführt, ist aber auch auf andere Transistoranordnungen anwendbar.

Die parasitäre Schale eines Transistors in CG Anordnung in koplanarer Umgebung mit 14 µm Masse-Masse Abstand ist in Abbildung 3.4a dargestellt. Das Eingangssignal kommt an der Source, dem Tor 1, an und wird in zwei parallele Pfade aufgespalten, die zu den Transistorfingern führen. Diese verbinden die Zweige der Source mit der Ausgangsleitung des Transistors, dem Drain-Anschluss, der zu Tor 2, dem Ausgang des Transistors führt. Die beiden Gate-Finger befinden sich zwischen der Source und dem Drain und werden auf die Tore 3 und 4 geführt, wo sich üblicherweise große Kapazitäten befinden, die den für die Common-Gate Anordnung benötigten Kurzschluss des Hochfrequenzsignals am Gate zur Verfügung stellen. Wie im vorherigen Abschnitt beschrieben, soll im Folgenden dieses Netzwerk mit EMFS untersucht werden. Dazu wird es in Elemente geteilt, die unabhängig betrachtet werden können. Weil es sich dabei um passive Netzwerke handelt ist diese Trennung möglich. Es ist jedoch dabei darauf zu achten, dass die einzelnen Abschnitte wirklich unabhängig sind, d.h. nicht mit einander verkoppelt sind. Eine Analyse des in Abbildung 3.4a gezeigten Netzwerks ergab, dass es in die in den Abbildungen 3.4b-f dargestellten Netzwerke aufgetrennt werden kann.

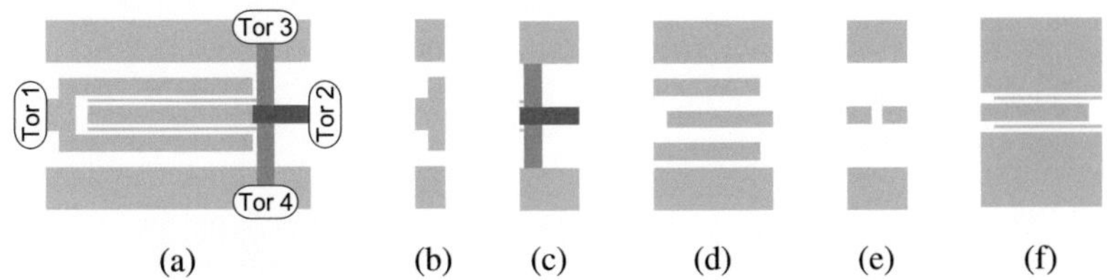

Abbildung 3.4.: (a) Schematische Darstellung eines Transistors in Common-Gate Anordnung und (b-f) schematische Darstellung der separat untersuchten Bestandteile der Struktur.

Begonnen wird die Untersuchung mit der Zuführung zu den parallelen Source-Leitungen, die wie in Abbildung 3.4b dargestellt untersucht wird. Die Verzweigung wird, wie die meisten folgenden Elemente, als koplanare Leitung betrachtet und simuliert. Dafür werden Ein- und Ausgang mit einem koplanaren Feld angeregt und die resultierenden S-Parameter werden genutzt um ein Ersatzschaltbild zu erzeugen, welches das simulierte Verhalten beschreibt. Dieses ist in Abbildung 3.5 dargestellt und durch die Kapazitäten C_{SF1} und C_{SF2} und die Induktivitäten L_{SF1} und L_{SF2} gegeben.

Ein Sonderfall ist die Kreuzung der Drain- und der Gate-Zuleitung, die in Abbildung 3.4c skizziert ist. Das Ausgangssignal erreicht Tor 2 über eine Luftbrücke, die kapazitiv auf die darunter liegende Gate-Zuführung koppelt. Das Modell muss in der Lage sein die Eigeninduktivitäten der Zuleitungen sowie die Kapazitäten der Zuleitungen gegen Masse sehr genau zu beschreiben. Gleichzeitig muss es aber auch die Koppelkapazität zwischen Drain- und Gate-Zuleitung abbilden. Hierfür wird die Kreuzung als Viertor simuliert und modelliert. So können die Elemente L_{DF}, L_{DF}, C_{DF2GF}, C_{DF2GND} und C_{GF2GND} des resultierenden Ersatzschaltbilds (vergl. Abbildung 3.5) eindeutig bestimmt werden. Dies ist möglich, da mit diesem Gleichungssystem und den verbundenen Reflexions- und Transmissionsparametern ausreichend Informationen zur Lösung des Problems zu Verfügung stehen. Dies verdeutlicht den großen Vorteil EMFS zur Modellierung des parasitären Transistors zu nutzen, da mit Messungen eine so genaue Beschreibung der parasitären Elemente nicht möglich ist.

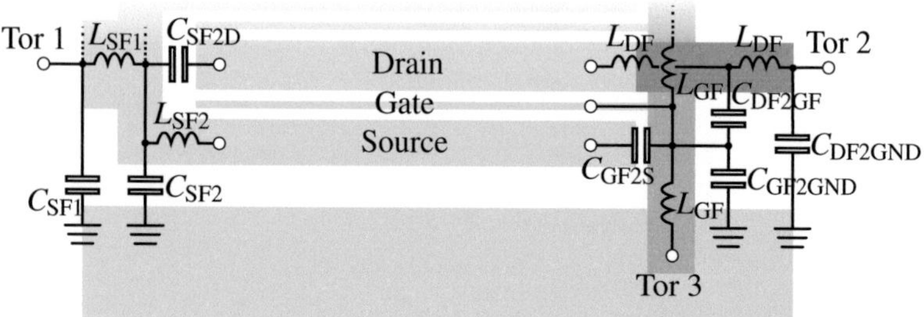

Abbildung 3.5.: Darstellung der Modellelemente, die das Verhalten der Zuleitungen eines Transistors in CG Anordnung beschreiben.

Die Kopplung zwischen der Source-Zuführung und der Drain-Leitung und die Kopplung zwischen der Gate-Zuführung und der Source-Leitung kann wie in Abbildung 3.4e dargestellt bestimmt werden. Dafür wird in eine koplanare Leitung ein Spalt eingebracht, der dem Abstand der Zuführungen zu den angrenzenden Strukturen entspricht. Anhand der resultierenden S-Parameter kann die Koppelkapazität bestimmt werden, die im Ersatzschaltbild in Form der Parameter C_{SF2D} und C_{GF2S} Verwendung finden.

Wie im Folgenden gezeigt, wird das induktive Verhalten der parallelen Drain-Leitungen durch die Kopplung mit den Gate-Fingern dominiert. Aus diesem Grund muss für die Drain-Leitung lediglich der Wert der kapazitiven Kopplung der parallelen Zweige mit den benachbarten Masseflächen bestimmt werden. Die Kopplung wird mit Hilfe der in Abbildung 3.4d schematisch dargestellten Simulation untersucht und erfolgt erneut durch die

Einspeisung eines koplanaren Feldes und der Analyse der S-Parameter, was zu dem Parameter C_{DSp} führt, der in Abbildung 3.3 und 3.6 zu sehen ist.

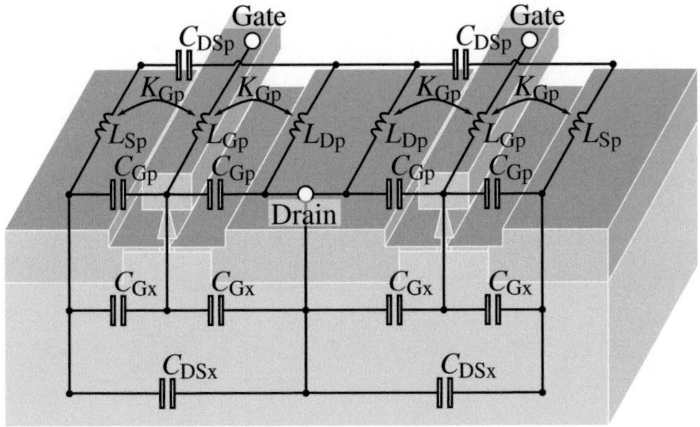

Abbildung 3.6.: Schematische Darstellung der Simulationsumgebung zur Bestimmung des parasitären Netzwerks um das Verhalten der Gate-Finger zu beschreiben. Das resultierende Ersatzschaltbild ist über die Simulationsumgebung gelegt.

Abschließend wird das Verhalten der Transistorfinger bestimmt, unter welchen sich der intrinsische Transistor befindet. Ziel der Untersuchung ist, Modelle und Modellparameter zu bestimmen, welche die Kopplung und das induktive Verhalten der gekoppelten Leitungen beschreiben. Bei der Untersuchung des Verhaltens der Gate-Finger kommen die Vorteile von EMFS voll zum tragen, da sie Untersuchungen ermöglichen, die mit messtechnischen Ansätzen nicht in dem Ausmaß möglich wären. Das wird bei dem in Abbildung 3.8 gezeigten Vergleich deutlich, der im Folgenden ausführlich diskutiert wird. Die Simulationsumgebung, mit der die Eigenschaften der Transistorfinger untersucht werden, ist in Abbildung 3.4f skizziert. Zwei parallele Gate-Finger sind getrennt von einem zentralen Signalleiter und eingebettet in zwei Masseflächen. Der Vergleich mit Abbildung 3.1b zeigt, dass diese Form der Untersuchung der eines Transistors in Common-Source Anordnung mit zwei parallelen Gate-Fingern entspricht. Zur Untersuchung wurde ein Signal gleichphasig in die beiden parallelen Gate-Finger eingespeist und ausgangsseitig an dem zentralen Signalleiter abgegriffen. Eingangsseitig ist dabei der zentrale Signalleiter, ausgangsseitig die beiden Finger leer laufend. Durch eine solche Untersuchung kann die Kopplung der Finger und des zentralen Leiters mit ihrer Umgebung und die Induktivitäten der Leiter bestimmt werden.

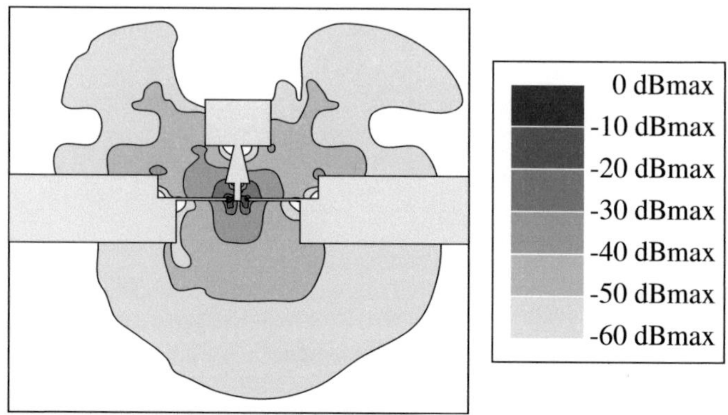

Abbildung 3.7.: Querschnitt bei der Mitte der in Abbildung 3.4f skizzierten EMFS, der den Betrag des dort bei 270 GHz auftretenden elektrischen Felds zeigt. Das Feld ist auf das Maximum bezogen und in Schritten von 10 dB dargestellt.

Abbildung 3.7 zeigt das simulierte elektrische Feld bei 270 GHz der in Abbildung 3.6 gezeigten Struktur, wobei aus Gründen der Deutlichkeit nur der Bereich um einen der beiden Gate-Finger gezeigt wird. Die Abbildung zeigt das Feld, das in der Mitte der Struktur auftritt, wenn diese wie beschrieben angeregt wird. Das Feld ist nicht wie erwartet spiegelsymmetrisch, sondern weicht leicht davon ab. Das liegt daran, dass das Gitter (englisch: Mesh) was über die Struktur gelegt wird und das zur Brechung der Felder genutzt wird, nicht beliebig beeinflusst werden kann, ohne die Simulationszeit der EMFS deutlich zu erhöhen. Dadurch entstehen Asymmetrien innerhalb des Gitters, was zu dem nicht spiegelsymmetrischen Feld führt. Es ist deutlich zu erkennen, dass sich das Feld um den Rezess-Bereich konzentriert, d.h. den Spalt, der sich zwischen dem Gate-Finger und den benachbarten Metallflächen ergibt. Durch die in Abschnitt 2.4 anhand von Leitungen gezeigten Untersuchungen wird deutlich, dass dieser Bereich das induktive Verhalten der Struktur dominiert, d.h. durch die Untersuchung der Struktur die Parameter L_{Gp}, L_{Dp} und L_{Sp} und die zwischen den Induktivitäten wirkende Gegenkopplung K bestimmt werden kann.

Während einer EMFS der beschriebenen gekoppelten Gate-, Drain- und Source Leitung breitet sich ein Teil des Feldes im Substrat und ein Teil des Feldes außerhalb dessen aus, was auch in Abbildung 3.7 zu sehen ist. Da hier lediglich das Verhalten des extrinsischen Transistors modelliert werden soll, der sich außerhalb des Substrats befindet, muss das Feld im Substrat von dem außerhalb des Substrats getrennt werden. Das Feld, das sich im Substrat befindet, wird mit Hilfe des intrinsischen Transistors beschrieben und ist abhängig vom Arbeitspunkt des Transistors. Es müssen also die Gate-Kapazitäten C_{Gp} außerhalb des Substrats von denen die innerhalb C_{Gx} des Substrats verlaufen getrennt werden. Dadurch, dass die Gate-Struktur symmetrisch ist, wird angenommen, dass die Gate-Source und die Gate-Drain Kapazitäten (und im Folgenden auch die Gegeninduktivitäten) identisch sind. Die Trennung der auftretenden Kapazitäten ist in dieser Arbeit verwirklicht worden, indem mehrere EMFS mit unterschiedlichen Substratpermittivitäten ε_{x} durchgeführt wurden. Die Ergebnisse dieser Simulationen wurden dann genutzt um die auftretenden Kapazitäten wie folgt zu trennen:

$$C_{\mathrm{G,total}} \propto \varepsilon_{\mathrm{x}} \cdot C_{\mathrm{Gx}} + C_{\mathrm{Gp}} \tag{3.6}$$

$$C_{\mathrm{DS,total}} \propto \varepsilon_{\mathrm{x}} \cdot C_{\mathrm{DSx}} + C_{\mathrm{DSp}} \tag{3.7}$$

Dabei sind C_{Gx} und C_{DSx} für das extrinsische Modell nicht relevant und C_{Gp} und C_{DSp} die Kapazitäten, welche den in Abbildung 3.3 gezeigten Kapazitäten C_{GSp}, C_{GDp} und C_{DSp} entsprechen, die außerhalb des Substrats auftreten.

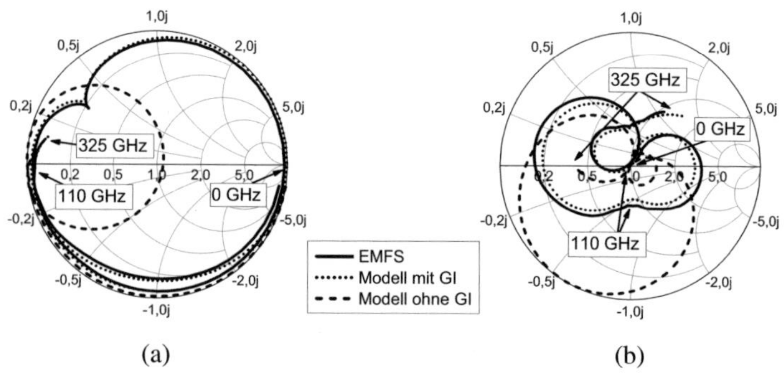

Abbildung 3.8.: Vergleich der untersuchten Ansätze um die Gate-Finger zu modellieren. Dafür wurde die in Abbildung 3.4f gezeigte Struktur mit einer Länge von 300 µm von 0 bis 325 GHz untersucht. (a) S_{11} wobei Tor 1 dem Drain-Anschluss entspricht und (b) durch die Verkopplung entstehende Transmission S_{21}.

Mit dem bisher beschriebenen Ansatz können also die Eigeninduktivitäten und die Kapazitäten bestimmt werden, die in einem Gate-Finger auftreten. Zusätzlich ist die induktive Kopplung des Gate-Fingers mit den benachbarten Leitern nicht zu vernachlässigen, was mit Abbildungen 3.8 deutlich wird. Diese zeigen den Vergleich der Reflexions- (S_{11}) und der Transmissionsparameter (S_{21}) für eine EMFS und zwei Modellansätze. In der EMFS wurde das Verhalten der in Abbildung 3.4f gezeigte Struktur mit einer Länge von 300 µm von 0 bis 325 GHz untersucht. Die mit einer durchgezogenen Linie markierten Kurven entsprechen den Ergebnissen der EMFS. Die beiden weiteren Linien markieren Simulationen, die ein Transistormodell mit Gegeninduktivitäten (gepunktet) und ohne Gegeninduktivitäten (gestrichelt) nutzt. Ein Signal wurde an Tor 1, dem Drain-Anschluss eingespeist und an Tor 2, den Gate-Anschlüssen abgegriffen. Da bei geringen Frequenzen die

Kopplung der benachbarten Leitungen vernachlässigbar ist, beginnt S_{11} im Leerlauf und erst mit steigender Frequenz nimmt die Transmission zu. Vor allem am Parameter S_{11} ist deutlich zu erkennen, dass beide Modellansätze bei niedrigen Frequenzen ein vergleichbares Ergebnis liefern. Zusätzlich ist zu erkennen, dass erst bei höheren Frequenzen der Einfluss der Gegeninduktivitäten, die mit K_{Gp} in Abbildung 3.6 gegeben sind, zum tragen kommt. Am Verlauf der Reflexions- und der Transmissionsparameter kann deutlich erkannt werden, dass das Verhalten der Finger mit Hilfe der Gegeninduktivitäten, d.h. dem in Abbildung 3.6 gezeigten Ersatzschaltbild sehr genau beschreiben werden kann. Da messtechnisch weder die gezeigte Struktur realisiert noch sie bis 325 GHz charakterisiert werden kann, bestätigt das abermals den neuen Ansatz die Finger mit EMFS zu untersuchen.

Da die Qualität der Simulationsergebnisse und damit auch die Genauigkeit der Modellparameter maßgeblich von der EMFS abhängt, also den zur Simulation gewählten Materialparametern und Abmessungen der Elemente, wurde der Einfluss derer untersucht. Dazu wurden Größen wie der Rezess-Bereich, der Kopf des Gate-Fingers etc. in der Simulation variiert. Die Ergebnisse dieser Untersuchung sind in Anhang B gegeben und es ist deutlich zu erkennen, dass mit der genutzten Simulationsumgebung das Verhalten der Gate-Finger sehr genau bestimmt werden kann. Dies bestätigt den Ansatz auch das Gate mit EMFS zu untersuchen und so dessen Verhalten zu bestimmen.

Mit Ausnahme der parasitären Widerstände, deren Verhalten messtechnisch bestimmt wird, wurde die komplette parasitäre Schale des Transistors untersucht. Es können nun die Modelle der Einzelsimulationen zu einem komplexen Modell zusammengesetzt werden, um das Verhalten der gesamten Schale zu beschreiben. Das Modell ist getrennt in den Abbildungen 3.6 und 3.5 gegeben, wobei in Abbildung 3.6 die bereits diskutierten Gate-Finger beschrieben sind und in Abbildung 3.5 die parasitäre Schale, welche die Zuleitungen zu den Fingern für einen Transistor in Common-Gate

Anordnung beschreibt. Es ist deutlich zu erkennen, wie sich in beiden Fällen das Ersatzschaltbild aus den einzelnen Modellen, die das Verhalten der einzelnen Strukturbestandteile beschreiben, zusammen setzt. Es ist auch zu erkennen, dass nur ein Finger in dem Modell genutzt wird, obwohl ein Transistor mit zwei Fingern modelliert wurde. Aus Gründen der Symmetrie kann der zwei-Finger Transistor als ein-Finger Transistor modelliert werden, wenn das Modell korrekt angepasst wird. Durch die parallel verlaufenden Finger müssen parallel verlaufende Widerstands- und Induktivitätswerte halbiert und Kapazitätswerte verdoppelt werden. Die Nutzung der Symmetrie führt dazu, dass nur halb so viele Modellelemente genutzt werden, was die benötigte Rechnerleistung reduziert.

Mit diesem Abschnitt konnte gezeigt werden, wie mit Hilfe von EMFS die parasitäre Schale eines Transistors sehr genau bestimmt werden kann. Der Ansatz EMFS zur Modellierung des extrinsischen Netzwerks von Transistoren zu verwenden wurde am Beispiel der parasitären Schale eines Transistors in Common-Gate Anordnung durchgeführt, die besonders im Vergleich zu der eines Transistors in Common-Source Anordnung durch die verkoppelten Zuleitungen und die Zahl der Einzelkomponenten sehr komplex ist. Der Ansatz kann daher leicht zur Modellierung von weiteren parasitären Schalen genutzt werden. Im Rahmen dieser Arbeit wurde auch die parasitäre Schale eines Transistors in Common-Source Anordnung modelliert, die in den im Folgenden gezeigten Transistortestschaltungen und Leistungsverstärker Anwendung findet.

Dieses mit Hilfe von EMFS erstellte Modell wird nun genutzt und um die messtechnisch bestimmten Gate-, Drain- und Source-Widerstände und den intrinsischen Transistor erweitert. Bei der Anbindung des intrinsischen Transistors müssen dabei verschiedene Dinge beachtet werden, worauf im Folgenden eingegangen wird.

Anbindung des intrinsischen Transistors Unterhalb des Gate-Fingers befindet sich der intrinsische Transistor, dessen Verhalten im folgenden Abschnitt messtechnisch bestimmt wird. Um auch für höchste Frequenzen ausreichend genau zu sein, soll dieser nicht als konzentriertes Element modelliert werden, sondern quasi-verteilt. Mit quasi-verteilt ist gemeint, dass mehrere intrinsische Transistoren entlang des Gate-Fingers platziert werden, die dadurch das verteilt wirkende Verhalten beschreiben, aber in sich konzentrierte Elemente sind.

Dies wurde auch schon in [MHW99, MGOP+97] angewandt und ist auch nötig, wie in [Hei86] diskutiert und in [NPS96] untersucht wurde. Das sich daraus ergebende Modell eines Transistors ist in Abbildung 3.9 dargestellt. Entlang des Transistorfingers sind fünf intrinsische Transistoren platziert, die mit den zuvor bestimmten Modellen des extrinsischen Transistors verbunden sind. Die Zahl fünf ergibt sich als geeigneter Kompromiss aus Genauigkeit und Simulationszeit, die mit zunehmender Zahl der intrinsischen Transistoren steigt. Die Größe der intrinsischen Transistoren und die Größe der Kapazitäten und Induktivitäten, welche die Leitungen zwischen den Transistoren beschreiben, müssen so klein sein, dass das Verhalten des Transistors mit konzentrierten Elementen beschrieben werden kann. Typische Einzelfingerweiten im Frequenzbereich von 200 bis 300 GHz sind mit der verwendeten Transistortechnologie zwischen 10 und 20 µm. Bei fünf intrinsischen Transistoren ergibt sich daraus ein Transformationsweg von maximal 7,5 µm, der auch bei diesen Frequenzen noch zu tolerieren ist. Entsprechende Überlegungen können auch bei niedrigeren Frequenzen angestellt werden, wo sie zu einem vergleichbaren Ergebnis führen.

3.3.2. Modellierung anhand von Messungen

In diesem Abschnitt werden die mit der zuvor beschriebenen Methode erstellten Modelle der parasitären Schale um den intrinsischen Transistor er-

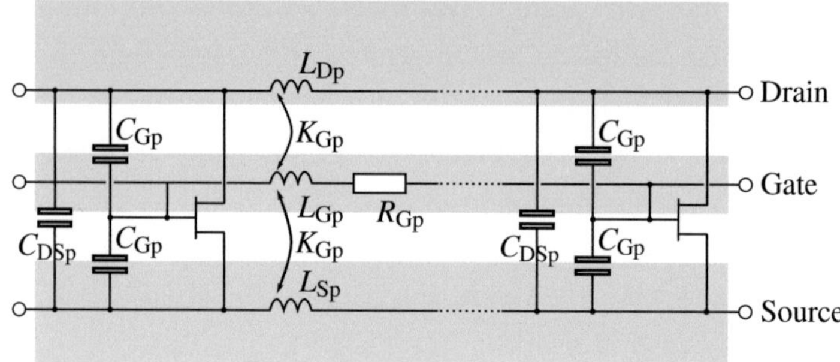

Abbildung 3.9.: Schematische Darstellung wie der intrinsische Transistor quasi-verteilt an das parasitäre Netzwerk angebunden wurde und so verteilt wirkt.

gänzt. Zusätzlich werden auch die Werte der Gate-, Drain- und Source-Widerstände messtechnisch bestimmt, wobei in der Literatur beschriebene Methoden Anwendung finden. Im ersten Teil dieses Abschnitts werden zunächst verschiedene Methoden vorgestellt mit denen Widerstandsparameter bestimmt werden können. Da die Widerstände, wie in Abbildung 3.3 zu sehen ist, das Bezugspotential des intrinsischen Transistors definieren, ist ihre Genauigkeit von besonderer Wichtigkeit. Es wird daher zuerst die Eignung der unterschiedlichen Methoden untersucht und anschließend werden zwei geeignete angewandt, deren Ergebnisse sich gegenseitig bestätigen. Im zweiten Teil wird dann eine populäre Methode angewandt, mit welcher der intrinsische Transistor bestimmt werden kann. Die Ergebnisse der Parameterbestimmung werden diskutiert und abschließend zu einem intrinsischen Transistor zusammengefügt, der wie in Abbildung 3.3 gezeigt aufgebaut ist. Im anschließenden Abschnitt wird dann die Genauigkeit der mit der EMFS+M Methode bestimmten Transistormodelle überprüft und bestätigt.

Bestimmung der parasitären Widerstände Die Werte der im Transistor auftretenden Widerstände werden messtechnisch bestimmt und nicht mit Hilfe von EMFS, da besonders die Drain- und Source-Widerstände durch einen Übergang von Metall zu dotiertem Halbleiter dominiert werden und dieser mit EMFS nicht verlässlich bestimmt werden kann. Wie in Abbildung 3.3 zu sehen ist, sind die Widerstände dort platziert wo sie physikalisch auftreten, d.h. beim Metall-Halbleiterübergang bzw. entlang des Gate-Fingers. Zusätzlich wird aufgrund der geringen Abmessungen beim Gate-Widerstand auch der auftretende Skin-Effekt berücksichtigt. Das Transistormodell hält sich also an das in [MHW99] vorgeschlagene Transistormodell eines quasi-verteilten Transistors, wo auch die Transistoren wie beschrieben platziert wurden und sich der Gate-Widerstand zusammensetzt aus einem Gleichspannungs- und einem Hochfrequenzanteil.

Zur Bestimmung des Source-Widerstands wurden viele Methoden veröffentlicht, wobei die populärste die nach Yang-Long [YL86] ist. In der Literatur wurde berichtet, dass damit sehr verlässlich der Wert des Source-Widerstands bestimmt werden kann. Sie findet auch in der Methode nach Dambrine-Cappy Anwendung [DCHP88]. Da bei dieser Methode hohe Gate-Ströme fließen müssen und gleichzeitig eine stark positive Drain-Source Spannung nötig ist, führt diese Methode bei den in dieser Arbeit genutzten mHEMT zur Zerstörung des Bauteils. Sie kann daher nicht zur Bestimmung des Source-Widerstands eingesetzt werden. Die in [CMGN92, TGD+93] beschriebenen Methoden kommen zwar ohne große Strom- und Spannungswerte aus, führen aber bei den untersuchten mHEMT nicht zu reproduzierbaren Ergebnissen.

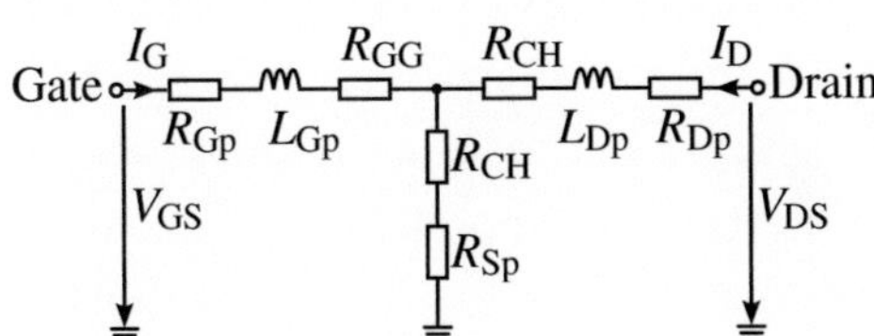

Abbildung 3.10.: Schematische Darstellung des Ersatzschaltbilds für einen abgeschnürten kalten Transistor.

In dieser Arbeit werden zwei Verfahren zur Bestimmung des Source-Widerstands angewandt. Die erste ist eine Methode, die klassischerweise bei Bipolartransistoren Anwendung findet [Gia72]: Wird ein Transistor mit einer Drain-Source Spannung von 0 V und einer Gate-Source Spannung betrieben, die viel größer als die Abschnürspannung ist, so kann der Transistor wie in Abbildung 3.10 beschrieben werden. Das Verhalten wird dominiert durch die parasitären Induktivitäten L_{Gp}, L_{Sp} und L_{Dp}, dem stark vom Gate-Strom abhängigen Widerstand R_{GG} und dem leicht vom Gate-Strom abhängigen Widerstand R_{CH}, wobei die Widerstände mit steigendem Strom abnehmen [DCHP88]. Gleichung 3.9 beschreibt eine aus dem Bereich der Bipolartransistoren kommende Methode. Dort wird der Widerstand R_{fly} bestimmt, indem ein Strom I_{G} am Gate eingespeist wird, der Strom am Drain konstant auf $I_{\mathrm{D}} = 0$ gehalten wird und die dafür notwendige Drain-Spannung V_{DS} gemessen wird.

$$R_{\mathrm{fly}} = R_{\mathrm{CH}} + R_{\mathrm{Sp}} \tag{3.8}$$

$$= \frac{V_{\mathrm{DS}}}{I_{\mathrm{G}}} \tag{3.9}$$

Wird nun R_{fly} über $1/I_{\mathrm{G}}$ aufgetragen, ergibt sich der in Abbildung 3.11 gezeigte Verlauf. Die Extrapolierung auf die Y-Achse gibt den Wert des Source-Widerstands an. Dieser wird zur Kontrolle in der zweiten Methode auch mit Hilfe von S-Parameter-Messungen bestimmt. Während dieser Messungen wird $V_{\mathrm{DS}} = 0$ gehalten und der Strom I_{G} variiert. Aus den S-Parametern können die Z-Parameter bestimmt werden. Auf Basis des in Abbildung 3.10 gegebenen Ersatzschaltbilds kann daraus der Source- und Drain-Widerstand ermittelt werden, wenn Z_{11} und Z_{12} über $1/I_{\mathrm{G}}$ aufgetragen werden.

Die Extrapolierung auf die Y-Achse ergibt:

$$R_{\mathrm{Sp}} \approx Z_{12} \tag{3.10}$$

$$R_{\mathrm{Gp}} \approx Z_{11} - Z_{12} \tag{3.11}$$

Die Widerstandsparameter und das Verhalten des intrinsischen Transistors werden in diesem Abschnitt anhand eines mHEMT mit einer Gate-Länge von 35 nm bestimmt. Der Transistor ist in CS Anordnung, in CPWG50u Umgebung und besitzt zwei parallele Gate-Finger mit einer Einzelfingerweite von 45 µm. In Anhang B sind die bestimmten Kurven und Ergebnisse für mHEMT mit einer Gate-Länge von 50 nm aufgeführt.

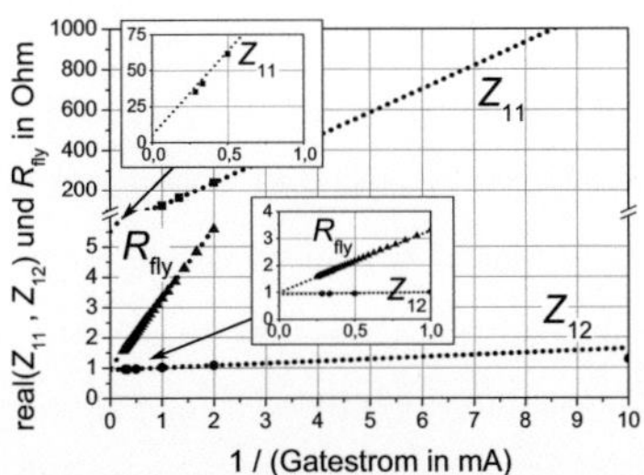

Abbildung 3.11.: Gemessener Source- bzw. Drain- und Gate-Widerstand über dem Inversen des Gatestroms.

Abbildung 3.11 zeigt die Parameter R_{fly}, Z_{11} und Z_{12} für den beschriebenen Transistor in CS Anordnung und 35 nm Gate-Länge. Es ist zu erkennen, dass mit beiden Methoden der gleiche Wert für den Source-Widerstand bestimmt werden kann, woraus sich mit Gleichung 3.11 der Gate-Widerstand bestimmen lässt. Da die genutzten mHEMT nominell symmetrisch zum Gate-Finger aufgebaut sind, entspricht der Drain- dem Source-Widerstand. Es konnten somit mit den beschriebenen Methoden zuverlässig die parasitären Widerstände bestimmt werden. Die Wahl der Methoden, ihre Zuverlässigkeit und Genauigkeit wird auch in Anhang B belegt, wo die Kurven zu sehen sind, mit denen die Widerstände bei einem mHEMT mit einer Gate-Länge von 50 nm bestimmt wurden.

Bestimmung des intrinsischen Transistors Abschließend kann nun der intrinsische Transistor mit Hilfe der in [DCHP88] und [BB90] beschriebenen Methoden bestimmt werden. Dort wurde die Admittanz-Matrix vom Ersatzschaltbild des intrinsischen Transistors aufgestellt. Mit den sich daraus ergebenden Zusammenhängen lassen sich eindeutig die einzelnen Parameterwerte des intrinsischen Transistors bestimmen. Im Folgenden wird beispielhaft der intrinsische Transistor der Teststruktur modelliert, die in Abbildung 3.13a zu sehen ist. Es handelt sich dabei um einen Transistor in CS Anordnung, mit 35 nm Gate-Länge, der in eine CPWG50u Umgebung eingebettet ist. In Anhang B sind die entsprechenden Mess- und Simulationskurven für den gleichen Transistor mit einer Gate-Länge von 50 nm zu sehen. Die untersuchte Struktur bietet den Vorteil, dass nur wenige Diskontinuitäten auftreten und damit das Verhalten des intrinsischen Transistors sehr genau und verlässlich bestimmt werden kann. In den Abbildungen 3.12a-b sind die mit Hilfe der gewählten Methoden bestimmten intrinsischen Kapazitäten, die Transkonduktanz und der Ausgangsleitwert $G_{\mathrm{DS}} = 1/R_{\mathrm{DS}}$ aufgetragen. Der Transistor wurde mit einer Drain-Source Spannung von 1 V und einer Gate-Spannung gemessen, die zu maximaler Verstärkung führte ($V_{\mathrm{GS}} = 0{,}2\,\mathrm{V}$).

In den Abbildungen sind die Parameterwerte normiert auf einen Finger und 1 µm Gate-Weite dargestellt. Durch die Normierung und einfache Skalierregeln kann der intrinsische Transistor über die Gate-Weite skaliert werden. Die so entstehenden Transistormodelle sind sehr flexibel und für verschiedene Gate-Weiten einsetzbar. In den Abbildungen 3.12a-b kann eine Frequenzabhängigkeit der Modellparameter beobachtet werden. Das liegt daran, dass der Netzwerk der parasitären Schale nicht vollständig entfernt wurde. D.h.

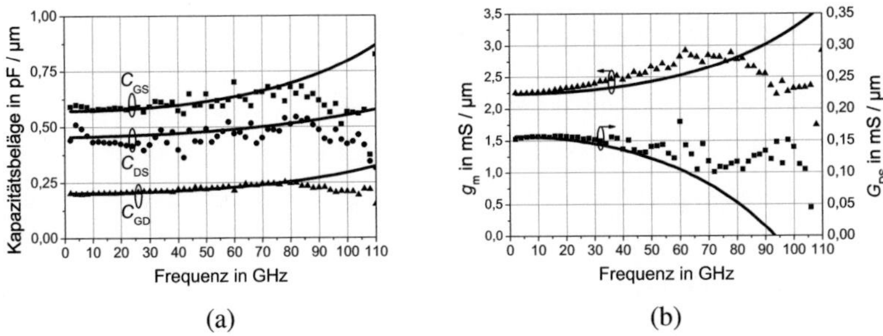

Abbildung 3.12.: Vergleich der gemessenen (Symbole) und simulierten (Linien) (a) Kapazitätsbeläge und (b) der Transkonduktanz g_m und des Ausgangsleitwerts G_DS. Alle Parameter sind auf 1 µm und einen Finger normiert.

sowohl in Messung, als auch in der Simulation ist nicht nur das Verhalten des intrinsischen, sondern das des gesamten Transistors zu sehen. Die gezeigten Beläge von Kapazität, Transkonduktanz und Ausgangsleitwert, entsprechen daher den Belägen des gesamten, nicht des intrinsischen Transistors. Wenn der Einfluss der parasitären vollständig entfernt wird, weisen die Parameter keine Frequenzabhängigkeit auf. Da in dieser Arbeit nicht wie in [BB90, DCHP88] beschrieben nur ein einziger intrinsischer Transistor genutzt wird, sondern mehrere quasi-verteilte, wurde darauf verzichtet die parasitäre Schale zu entfernen. Statt dessen werden die Parameter des Transistors bestimmt während die Struktur quasi-verteilt modelliert ist. Dies zulässig, da der Transistor in der Messung das gleiche verteilte Verhalten aufweist. Es kann beobachtet werden, dass Messung und Simulation über das gleiche Frequenzverhalten verfügen. Da die S-Parameter Messungen mit sehr geringen Signalpegeln ausgeführt wurden, um eine Kompression des Transistors zu vermeiden, nimmt die Signalqualität ab ca. 80 GHz deutlich ab. Bis zu dieser Frequenz stimmt das Verhalten der simulierten und gemessenen Kapazitätsbelags sehr genau überein. Das gleiche gilt für die Beläge von g_m und G_DS und im Gegensatz zu den im Anhang B gezeigten Kurven kann bei dem 35 nm Transistor keine Dispersion bei niedrigen Frequenzen beobachtet werden.

Zusätzlich wird die Qualität der Messergebnisse durch die Zuleitungen beschränkt, deren Effekt zur Modellierung zurückgerechnet werden muss (englisch: de-embedding). Die meisten Verfahren gehen davon aus, dass die Länge der Zuleitungen klein gegen die Wellenlänge ist [LGPG09]. Das ist bei der Teststruktur, die zur Modellierung genutzt wurde nicht der Fall. Aus diesem Grund können diese Methoden nicht angewandt werden. Dies führt auch zu Abweichungen zwischen Messung und Simulation und bekräftigt den Ansatz EMFS zur Modellierung zu nutzen, da die Zuverlässigkeit der Messtechnik mit steigender Frequenz abnimmt. Theoretisch könnte die Teststruktur auch bei Frequenzen oberhalb von 110 GHz gemessen werden um so den intrinsischen Transistor zu modellieren. Aufgrund der Messschwierigkeiten und -ungenauigkeiten, die bereits ab 80 GHz beobachtet werden können, wurde das im Rahmen dieser Arbeit nicht verfolgt. Bis 80 GHz kann eine sehr gute Übereinstimmung vom Messung und Simulation beobachtet werden, was das Vorgehen bei der Transistormodellierung genauso wie die Modellstruktur bestätigt.

Nachdem auch der intrinsische Transistor modelliert wurde, wird im folgenden Abschnitt die Genauigkeit der Modelle überprüft. Für eine Gate-Länge wird dabei immer der gleiche intrinsische Transistor genutzt, der in unterschiedliche Transistoranordnungen mit unterschiedlichen Masse-Masse Abständen eingesetzt wird. Im folgenden Abschnitt wird also auch überprüft, ob der intrinsische Transistor tatsächlich erfolgreich vom extrinsischen Transistor getrennt werden konnte und somit variabel eingesetzt werden kann.

3.4. Untersuchung der Genauigkeit des entworfenen Transistormodells

In diesem Abschnitt wird die Gültigkeit und die Genauigkeit der entworfenen Transistormodelle überprüft. Da zum Entwurf von Leistungsverstärkern Kaskoden eingesetzt werden, erfolgt die Überprüfung für Transistoren in CS, CG und Kaskode Anordnung. Die Überprüfung der Modelle findet für Transistoren mit 35 und 50 nm Gate-Länge statt, wobei Teile der Untersuchung im Anhang B zu finden ist.

Dieser Abschnitt hat unterschiedliche Ziele: Zum einen soll untersucht werden, ob mit EMFS das Verhalten des passiven, extrinsischen Transistors beschrieben werden kann. Zum anderen soll überprüft werden, ob die messtechnisch auf Basis von Transistoren in CS Anordnung und CPWG50u Umgebung bestimmten intrinsischen Transistoren auch in davon unterschiedlichen Transistor Anordnungen und koplanaren Umgebungen eingesetzt werden können. Da die Modellierung des intrinsischen Transistors nur bis 110 GHz erfolgte, ist abschließend zu überprüfen ob die Modelle auch außerhalb dieses Frequenzbereichs eingesetzt werden können, d.h. ob eine Frequenzextrapolierung zulässig ist.

Dazu finden zuerst Messungen an Transistoren bis 110 GHz statt, die in Abschnitt 3.4.1 gezeigt werden. Anschließend werden in Abschnitt 3.4.2 Simulation und Messung von Transistor Teststrukturen bis 325 GHz verglichen und so bestätigt, dass das Verhalten des intrinsischen Transistors extrapoliert werden kann.

3.4.1. Untersuchung bis 110 GHz

Zuerst soll die Genauigkeit der Modelle überprüft werden, die das extrinsische Netzwerk des Transistors beschreiben. Da keine Teststrukturen hergestellt werden können, die exakt das parasitäre Verhalten eines mHEMT beschreiben, sich aber rein passiv verhalten, werden zur Überprüfung gewöhnliche Transistoren gemessen. Diese verhalten sich immer dann rein passiv, wenn $V_{DS} = 0$ ist, d.h. die Stromquelle des intrinsischen Transisotrs kurzgeschlossen ist. Die Gate-Source Spannung V_{GS} wurde so gewählt, dass sie kleiner als die Abschnürspannung ist und sich der intrinsische Transistor rein kapazitiv verhält. Das im vorherigen Abschnitt bestimmte Modell des intrinsischen Transistors kann nicht genutzt werden, da es den Transistor nur bei maximaler Kleinsignalverstärkung beschreibt. Um den abgeschnürten Transistor beschreiben zu können, ist zusätzlich zu dem Modell des extrinsischen Transistors auch eines des intrinsischen Transistors notwendig. Zur Beschreibung dieses abgeschnürten, kapazitiv wirkenden intrinsischen Transistors gibt es keine eindeutigen Modelle und verschiedene Ansätze sind veröffentlicht worden [TGD+93, LLS+85, BOB08]. In dieser Arbeit wurde der in [BOB08] veröffentlichte Ansatz angewandt, der drei Kapazitäten gleichen Werts nutzt, die von Gate, Drain und Source ausgehen und sich in einem gemeinsamen Sternpunkt treffen. Mit dieser Verteilung der Kapazitäten wird berücksichtigt, dass sich unter dem Gate-Fingern eine symmetrische Raumladungszone ausbreitet, was physikalisch realistisch ist.

Abbildung 3.13a zeigt die Teststruktur, mit welcher der intrinsische Transistor anhand der im vorherigen Abschnitt beschriebenen Methoden bestimmt wurde. Die Abbildungen 3.13b-c zeigen den Vergleich von Messung und Simulation von 250 MHz bis 110 GHz. Es handelt sich dabei um einen Transistor in CS Anordnung und CPWG50u Umgebung. Er besitzt zwei parallele Gate-Finger mit einer Weite von 45 µm pro Finger. Die Gate-Länge beträgt 50 nm. Die Referenzebene liegt bei Messung und Simulation am Ein- und Ausgang des Transistors, d.h. der Einfluss der Zuleitungen wurde entfernt (englisch: de-embedding), wobei hierfür viele unterschiedliche Verfahren veröffentlicht wurden [LGPG09]. Wie bereits beschrieben, gehen die meisten Verfahren davon aus, dass die Zuleitungslänge klein gegen

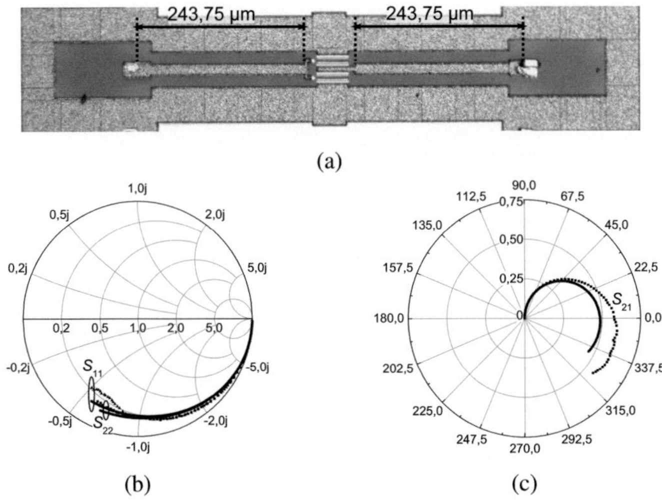

Abbildung 3.13.: (a) Foto der untersuchten Teststruktur eines Transistors in CS Anordnung und CPWG50u Umgebung und (b-c) Vergleich von Messung (Symbole) und Simulation (Linien) von 250 MHz bis 110 GHz.

die Wellenlänge ist. Da dies bei den untersuchten Teststrukturen nicht der Fall ist, können Verfahren nicht direkt angewandt werden. In dieser Arbeit wird daher lediglich ein Verfahren genutzt, das den Einfluss der Zuleitungen kompensiert indem das modellierte Verhalten der Zuleitungen von den Messdaten subtrahiert wird.

Abbildung 3.14a zeigt die Teststruktur mit der das Modell eines Transistors in CG Anordnung überprüft wurde. Es handelt sich dabei um einen mHEMT der Gate-Länge 50 nm mit zwei parallelen Gate-Fingern mit einer Einzelfingerweite von 30 µm.

Abbildungen 3.14b-c zeigen den Vergleich von Messung und Simulation des abgeschnürten Transistors mit $V_{\mathrm{DS}} = 0\,\mathrm{V}$. Erneut liegt in Messung und Simulation die Referenzebene am Ein- und Ausgang des Transistors.

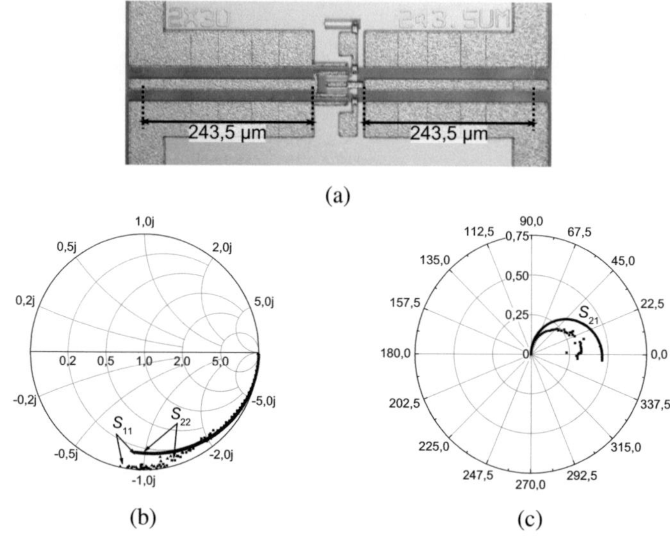

Abbildung 3.14.: (a) Foto der untersuchten Teststruktur eines Transistors in CG Anordnung und CPWG50u Umgebung und (b-c) Vergleich von Messung (Symbole) und Simulation (Linien) von 250 MHz bis 110 GHz.

In den Abbildungen 3.13 und 3.14 wird die Genauigkeit der extrinsischen Transistormodelle anhand der gemessenen und simulierten Reflexionsparameter und des Transmissionsparameters untersucht. Die Messungen sind dabei immer mit Symbolen markiert, die einzelnen Messpunkten entsprechen. Die Simulationen sind mit durchgezogenen Linien markiert. Um sowohl das Phasen- als auch Betragsverhalten zu untersuchen sind in Abbildungen 3.13b und 3.14b die Reflexionsparameter im Smith-Diagramm und in Abbildungen 3.13c und 3.14c die Transmissionsparameter im Polar-Diagramm dargestellt.

In den Abbildungen 3.13 und 3.14 findet das gleiche Modell eines abgeschnürten intrinsischen Transistors Anwendung. Es kann eindeutig festgestellt werden, dass sowohl beim Transistor in CS als auch beim Transistor in CG Anordnung das Phasenverhalten der Reflexions- und Transmissionsparameter sehr gut beschrieben wird. Es können lediglich Abweichungen im Betrag der Parameter beobachtet werden . Dies kann zum einen auf Messfehler zurückgeführt werden, die aufgrund des geringen Signalpegels und den hohen Frequenzen nicht zu vernachlässigen sind. Zum anderen kann das auch auf ein nicht ausreichend genaues Modell des abgeschnürten Kanals zurückgeführt werden. Das zweite Argument wird durch die Abbildungen 3.15a-b unterstützt, die den Vergleich von Messung und Simulation zeigen, wenn der Transistor aktiv betrieben wird. Dort ist die Abweichung zwischen Messung und Simulation sehr gering. Der Vergleich von Messung und Simulation zeigt, dass mit Hilfe von EMFS das Verhalten des extrinsischen, passiven Transistors sehr genau beschrieben werden kann.

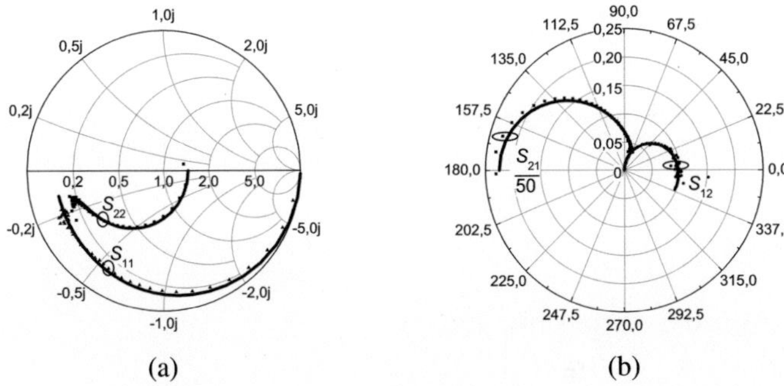

(a) (b)

Abbildung 3.15.: Vergleich von Messung (Symbole) und Simulation (Linien) von 250 MHz bis 110 GHz eines Transistors in CS Anordnung mit einer Gate-Länge von 35 nm. Der Aufbau des Transistors entspricht dem in Abbildung 3.13a gezeigten.

Abbildungen 3.15a-b zeigen den Vergleich von Messung und Simulation von 250 MHz bis 110 GHz eines Transistors mit 35 nm Gate-Länge in CS Anordnung und CPWG50u mit $V_{DS} = 0.8$ V und $V_{GS} = 0.2$ V, wobei die gewählte Gate-Source Spannung zur maximalen Kleinsignalverstärkung geführt hat. Das Foto der Transistorteststruktur entspricht der in Abbildung 3.13a gezeigten Struktur. Die Reflexionsparameter sind erneut im

Smith-Diagramm dargestellt. Die Transmission in die verstärkende Vorwärtsrichtung (S_{21}) und die isolierende Rückwärtsrichtung (S_{12}) sind im Polar-Diagramm dargestellt. Es ist dabei zu beachten, dass die Vorwärtstransmission als $S_{21}/50$ aufgetragen ist. Bei allen Parametern ist die Übereinstimmung in Betrag und Phase bis 110 GHz sehr gut, was sowohl die Genauigkeit des extrinsischen als auch des intrinsischen Transistormodells bestätigt. Die gleichen Untersuchungen sind in Anhang B für einen Transistor in CS Anordnung und mit 50 nm Gate-Länge zu finden. Auch dort ist die Übereinstimmung des Phasenverhaltens der Reflexions- und Transmissionsparameter sehr gut und nur im Betrag können Abweichungen beobachtet werden, was bei kleinen Frequenzen auf Dispersionseffekte zurück zu führen ist [Kal06].

Nachdem mit diesem Abschnitt und Anhang B die Genauigkeit der extrinsischen Modelle für Transistoren in CS und CG Anordnung und die Genauigkeit der intrinsischen Transistoren mit 35 und 50 nm Gate-Länge bis 110 GHz bestätigt werden konnte, wird im folgenden Abschnitt die Genauigkeit der Modelle bis 325 GHz untersucht.

3.4.2. Untersuchung bis 325 GHz

Da die untersuchten mHEMT Transistoren im hohen mmW-Frequenzbereich ein- und ausgangsseitig fehlangepasst sind und somit keine Verstärkung messbar ist, muss zur Überprüfung der Modellgenauigkeit der Transistor angepasst werden. Die Anpassnetzwerke sollen dabei so einfach gehalten sein, dass ihr Verhalten die Eigenschaften der Teststruktur nicht zu stark beeinflusst und so eine Evaluierung der Genauigkeit der Transistormodelle erschwert oder sogar unmöglich macht. Drei unterschiedliche Anpassnetzwerke für Leistungsanpassung sind in den Abbildungen 3.16a, 3.17a und 3.18a zu sehen. Sie alle haben gemeinsam, dass über die koplanaren Ein- und Ausgänge nicht nur das Hochfrequenzsignal, sondern auch die zur Versorgung der Transistoren benötigte Spannung zugeführt wird. Die in Abbildung 3.16a gezeigte Struktur nutzt ausschließlich serielle Leitungen mit unterschiedlichen Impedanzen und die aus Abbildung 3.17a serielle Leitungen und Kapazitäten gegen Masse. Die in Abbildung 3.18a gezeigte Struktur nutzt serielle und parallele Leitungen. Alle Strukturen nutzen ausschließlich koplanare Leitungen. Da die Genauigkeit der Leitungsmodelle in Kapitel 2 bis 325 GHz bestätigt wurde, kann angenommen werden, dass Abweichungen zwischen Messung und Simulation hauptsächlich auf das Verhalten der Transistormodelle zurück zu führen sind.

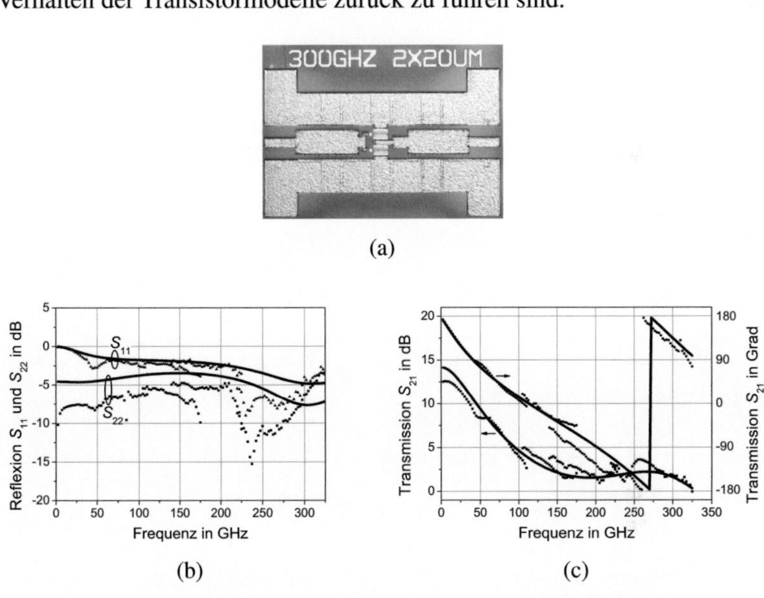

Abbildung 3.16.: (a) Foto der Teststruktur und (b-c) Vergleich von Messung (Symbole) und Simulation (Linien) von 250 MHz bis 325 GHz der in (a) gezeigten CS Teststruktur in CPWG50u Umgebung.

Die Abbildungen 3.16b-c zeigen den Vergleich von Messung und Simulation der in Abbildung 3.16a gegebenen Struktur. Es handelt sich dabei um einen leistungsangepassten Transistor in CPWG50u Umgebung. Der Transistor hat eine Gate-Länge von 50 nm, zwei parallele Gate-Finger und eine

Einzelfingerweite von 20 µm. Er wurde gemessen mit $V_{DS} = 1.0$ V und einer Gate-Source Spannung für maximale Kleinsignalverstärkung. Die Teststruktur wurde von 250 MHz bis 325 GHz in vier Frequenzbändern gemessen. Es ist zu erkennen, dass es große Sprünge in den Messkurven von Band zu Band gibt, die erneut den Vorteil demonstrieren sich zur Modellierung auf EMFS zu verlassen und diese lediglich anhand von Messungen zu belegen. Es kann weiter erkannt werden, dass in der Simulation die Reflexionsparameter ihr Minimum bei ca. 300 GHz und in der Messung bei ca. 250 GHz aufweisen. Trotz dieser Abweichung besteht eine gute Übereinstimmung der Transmissionsparameter in Betrag und Phase. Der auffällige Frequenzversatz in der Anpassung kann bei den im Folgenden gezeigten Vergleichen, die alle Transistoren in CPWG14u nutzen, nicht beobachtet werden. Dies führt zu der Annahme, dass die Abweichung bei den Reflexionsparametern durch in dem Anpassnetzwerk auftretende Effekte, die mit dem größeren Masse-Masse Abstand zusammen hängen, erklärt werden kann. Diese Beobachtung führte neben der bereits beschriebenen Tatsache, dass Anpassnetzwerke die CPWG50u nutzen sehr groß sind, dazu, dass trotz der geringen Leitungsverluste die CPWG50u in dieser Arbeit beim Verstärkerentwurf keine Verwendung findet.

Abbildung 3.17a zeigt die Teststruktur einer Kaskode mit Transistoren einer Gate-Länge von 35 nm und einer Einzelfingerweite von 25 µm. Die Struktur nutzt koplanare Leitungen und Kapazitäten gegen Masse, ist in CPWG14u Umgebung und ist mit $V_{DS} = 1.8$ V gemessen worden. Die beiden Gate-Spannungen wurden so gewählt, dass die Struktur maximale Verstärkung besitzt. Die Abbildung 3.17b zeigt S-Parameter Messungen der Struktur in zwei Frequenzbändern. Die aus daraus bestimmten Stabilitätskreise, die belegen, dass die Schaltung instabil ist, sind in Abbildung B.7a zu finden. Die Instabilität ist auch daran zu erkennen, dass positive Reflexionsparameter auftreten. Abbildung 3.17c zeigt den gemessenen Stabilitätsfaktor K (vergl. Abschnitt 4.4). Zusätzlich zeigt die Grafik zwei simulierte K-Kurven.

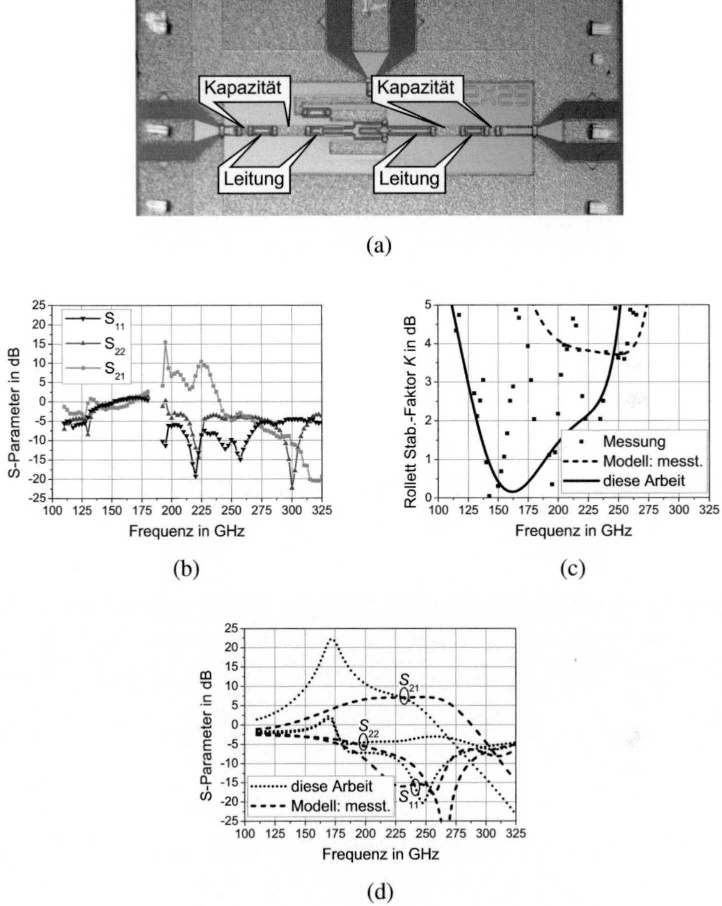

Abbildung 3.17.: (a) Foto der Teststruktur in CPWG14u Umgebung. (b) Gemessene S-Parameter, (c) Vergleich von gemessenem und simulierten Stabilitätsfaktoren. (d) Vergleich von simulierten S-Parametern. Die Mess- und Simulationsdaten sind von 110 bis 325 GHz gezeigt.

Die erste Simulation nutzt die Transistormodelle, die im Vorfeld der Arbeit verfügbar waren. Es ist zu sehen, dass der K-Faktor größer als Eins ist, die Schaltung bedingungslos stabil ist. Die zweite Simulation nutzt die Transistormodelle, die im Rahmen dieser Arbeit entwickelt wurden. Der K-Faktor ist kleiner als Eins und Abbildung B.9a zeigt, dass die Schaltung instabil ist. In Abbildung 3.17d ist auch zu erkennen, dass sich die simulierten S-Parameter deutlich unterscheiden. Das gemessene Verhalten kann mit den im Vorfeld der Arbeit verfügbaren Transistormodellen nicht beobachtet werden. Sie sagen eine breitbandige Anpassung mit hoher Verstärkung im Frequenzbereich von 200 bis 260 GHz voraus. Im Gegensatz dazu sind die in der Arbeit entwickelten Modelle in der Lage das instabile Verhalten im Voraus zu bestimmen. Wie in der Messung weisen die Reflexionsparameter bei ca. 175 GHz ein positives Maximum auf. Auch die Verstärkungsspitze um 175 GHz in der Transmission kann beobachtet werden. In Anhang B wurde untersucht, welche Elemente im Ersatzschaltbild der Transistoren verantwortlich dafür sind, dass die Instabilität schon in der Simulation erkannt werden kann. Es hat sich gezeigt, dass besonders die Induktivitäten L_{GF}, die das Gate des Transistors in Common-Gate Anordnung kontaktieren dafür verantwortlich sind. Ein ausführlicher Vergleich der beiden Modelle, die einen Transistor in CG Anordnung beschreiben ist in Anhang B zu finden. Die Messungen und die Untersuchungen demonstrieren den Vorteil des in der Arbeit entwickelten und angewandten Ansatzes zur Transistormodellierung. Erst so kann das gemessene Verhalten der Struktur erklärt werden. Dies ermöglicht den verlässlichen Entwurf von Verstärkern im hohen mmW-Frequenzbereich, was im Folgenden demonstriert wird. Mit Hilfe der im Rahmen dieser Arbeit entwickelten Modelle konnte auch festgestellt werden, dass das gewählte Anpassnetzwerk eine stabile Anpassung erschwert. Daher nutzt die folgende Teststruktur ein abweichendes Anpassnetzwerk.

Mit Hilfe der in der Arbeit entwickelten Transistormodelle wurde die in Abbildung 3.18a gezeigte Teststruktur entworfen, die zur Leistungsanpas-

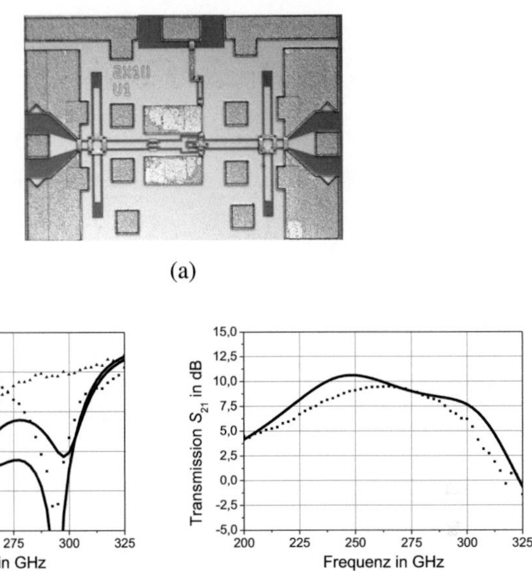

Abbildung 3.18.: (a) Foto der Teststruktur in CPWG14u Umgebung. (b-c) Vergleich von Messung (Symbole) und Simulation (Linien) von 200 GHz bis 325 GHz.

sung serielle und parallele Leitungen in CPWG14u nutzt. Ihr Kern ist eine Kaskode aus Transistoren mit einer Gate-Länge von 35 nm und einer Einzelfingerweite von 10 µm, die mit $V_{\mathrm{DS}} = 1.8\,\mathrm{V}$ und Gate-Spannungen für maximale Verstärkung versorgt wurde. Die Abbildungen 3.18b-c zeigen den Vergleich von Messung und Simulation, wobei die Simulation die in der Arbeit entworfenen Modelle nutzt. Die in Abbildung 3.18b gezeigten simulierten Reflexionsparameter stimmen sehr gut mit den gemessenen überein. Auch das Transmissionsverhalten wird gut vorhergesagt.

In der Simulation verfügt die Transmission zwar über eine größere Bandbreite, aber das prinzipielle Verstärkungsverhalten wurde gut vorher gesagt. Die Abweichung bei der Bandbreite kann zum einen durch verbleibende Ungenauigkeiten im Transistormodell erklärt werden. Zum anderen kann die X-Verzweigung nicht fehlerfrei geschlossen modelliert werden, was eine Fehlerquelle in der Simulation darstellt [Ham81].

Nachdem im vorherigen Abschnitt die Genauigkeit der Transistormodelle bis 110 GHz bestätigt wurde, konnte sie nun auch bis 325 GHz bestätigt werden. Die Modelle können somit zum Verstärkerentwurf angewandt werden.

3.5. Zusammenfassung und Interpretation

Im Vorfeld der Arbeit waren lediglich Transistormodelle verfügbar, deren Verhalten messtechnisch bis 110 GHz bestimmt wurde. Diese Messungen unterliegen Beschränkungen, so dass nicht alle Modellparameter so ausreichend genau bestimmt werden können. Wenn sie darüber hinaus zum Schaltungsentwurf im hohen mmW-Frequenzbereich genutzt werden, muss ihr Verhalten extrapoliert werden, was zu weiteren Fehlerquellen führt. Wie in Abbildung 3.17 gezeigt, sagen dadurch diese Transistormodelle das Transistorverhalten nicht so verlässlich voraus, dass damit alle instabilen Verstärkerentwürfe erkannt und vermieden werden können.

Im Rahmen dieser Arbeit wurde daher ein Konzept entwickelt, das EMFS und Messungen geeignet kombiniert und so den zuverlässigen Entwurf von Verstärkern im hohen mmW-Frequenzbereich ermöglicht. Zur Modellierung wurde der Transistor aufgespalten in einen rein passiven Teil, dessen Verhalten durch Zuleitungen etc. gegeben ist und einen aktiven Teil. Der passive Transistor wurde auf Basis von EMFS bis 325 GHz untersucht und modelliert, was eine sehr akkurate Beschreibung des passiven Netzwerks ermöglichte. Dieses Netzwerk wurde durch den intrinsischen, aktiven Transistor vervollständigt, der messtechnisch bis 110 GHz bestimmt wurde. Die Genauigkeit der Modelle wurde zuerst bis 110 GHz und anschließend bis 325 GHz überprüft und bestätigt. Es hat sich gezeigt, dass die in der Arbeit entworfenen Modelle in der Lage sind die Instabilitäten, die mit den bislang verfügbaren Modellen nicht erkannt werden konnten, voraus zu sagen. Sie erlauben somit, zusammen mit den entworfenen Leitungsmodellen, den verlässlichen Entwurf von Verstärkern im hohen mmW-Frequenzbereich, der im anschließenden Kapitel verfolgt wird.

4. Entwurf von monolithisch integrierten Leistungsverstärkern

In diesem Kapitel werden die Ergebnisse der beiden vorhergehenden Kapitel genutzt, um damit Leistungsverstärker im Frequenzbereich von 200 bis 325 GHz zu entwerfen. Dies ist nur aufgrund der im Rahmen dieser Arbeit entworfenen Leitungs- und Transistormodelle möglich, deren Genauigkeit bis 325 GHz bestätigt wurde. Die entworfenen Verstärker und die damit verbundenen Entwurfsgedanken und -kriterien werden in Abschnitt 4.7 präsentiert. Die dort vorgestellten Verstärker nutzen einen neuartigen Leistungsteiler, der erst das Verstärkerkonzept und die damit erzielbaren Ausgangsleistungen erlaubt. Dieser wird in Abschnitt 4.6 präsentiert, nachdem verschiedene Leistungsverstärkerkonzepte in Abschnitt 4.5, die Grundlagen des Verstärkerentwurfs in Abschnitt 4.1 und die zur Charakterisierung der Verstärker genutzte Messtechnik in Abschnitt 4.2 vorgestellt wurden.

Der Abschnitt 4.3.1 ist zum Entwurf von Leistungsverstärkern von besonderer Bedeutung, da dort Methoden zur Steigerung der Ausgangsleistung von Transistoren untersucht und angewandt werden. Die Stabilität von Leistungsverstärkern steht im Fokus von Abschnitt 4.4, wo zuerst unterschiedliche Stabilitätskriterien vorgestellt werden. Anschließend wird ein geeignetes Verfahren so erweitert, dass es alle Anforderungen erfüllt, welche diese Arbeit stellt.

4.1. Grundlagen des Entwurfs von Leistungsverstärkern

Zur Beschreibung und zum Entwurf von Leistungsverstärkern sind verschiedene Grundlagen notwendig, die im Folgenden vorgestellt werden. Es werden Kenngrößen eingeführt, mit denen die Leistungsfähigkeit von Verstärkern angegeben werden kann und mit denen unterschiedliche Verstärker verglichen werden können. Es handelt sich dabei um lineare Kenngrößen, wie Kleinsignalverstärkung und deren Welligkeit, wie auch um Kenngrößen, die das Großsignalverhalten der Schaltung beschreiben. Die Relevanz der einzelnen Größen für die Anwendung der Verstärker als Sendeverstärker für Radar- und Kommunikationssysteme steht dabei immer im Fokus.

Zuvor aber wird auf Leistungsverstärkerklassen eingegangen, die entscheidend die Linearität, Effizienz und die maximale Arbeitsfrequenz eines Verstärkers bestimmen.

Verstärker Klassen In dieser Arbeit werden alle Transistoren im Klasse A Arbeitspunkt betrieben. In Klasse A Betrieb ist der Transistor zu jedem Zeitpunkt aktiv und arbeitet als spannungsgesteuerte Stromquelle. Bei ausreichend geringer und sinusförmiger Eingangsleistung sind die Ausgangsströme und -spannungen sinusförmig. Das ist also der Betrieb, der das linearste Verhalten erlaubt. Zusätzlich ermöglicht dieser Betrieb eine hohe Verstärkung und den Betrieb des Transistors bis nahe an die Grenzfrequenzen. Im Gegensatz dazu wird in Klasse B der Transistor bei einer Gate-Spannung betrieben, die der Schwellspannung entspricht und der Transistor ist nur die Hälfte der Eingangssignalperiode aktiv. Der Ausgangs-Drain-Strom ist dadurch ein Halbsinus und der Verstärker ist in diesem Betrieb effizienter. Allerdings schränkt der Klasse B Betrieb die Linearität ein und reduziert die maximale Arbeitsfrequenz. Dies oder ähnliches gilt für alle weiteren Betriebsmodi [Wal12]. Da hohe Betriebsfrequenzen, hohe Linearität und Ausgangsleistung Ziel dieser Arbeit sind, wird auf Maßnahmen zur

Steigerung der Effizienz verzichtet und alle Schaltungen werden in Klasse A betrieben. Auf diesen Betrieb konzentrieren sich die im Folgenden vorgestellten Kenngrößen, die daher teilweise nur für Verstärker gültig sind, die in Klasse A betrieben werden.

Die Zielwerte der Größen ergeben sich aus den Anwendungen, für die Verstärker vorgesehen sind, wobei Pegelplanberechnungen die Größen wie Verstärkung und Ausgangsleistung bestimmen. Da im Gesamtsystem die entworfenen Verstärker mit weiteren Systemkomponenten integriert oder kombiniert werden, müssen auch Größen wie Anpassung (also Rückflussdämpfung) und Isolierung etc. ausreichend gut sein.

Lineare Kenngrößen Für die Anwendung in Kommunikationssystemen mit hohen Datenraten müssen Verstärker über eine große absolute Bandbreite verfügen. Diese wird meist als 3-dB Bandbreite $B_{3-\mathrm{dB}}$ angegeben, die als die Bandbreite definiert ist, bei der die Kleinsignalverstärkung um 3 dB im Vergleich zum Maximum abgefallen ist. Die relative Bandbreite $b_{3-\mathrm{dB}}$ gibt das Verhältnis der Mittenfrequenz der Schaltung f_c zur absoluten Bandbreite an:

$$b_{3-\mathrm{dB}} = \frac{B_{3-\mathrm{dB}}}{f_\mathrm{c}} \cdot 100\,\% \tag{4.1}$$

Damit ein Signal verzerrungsfrei verstärkt werden kann, muss die Amplitude der Kleinsignalverstärkung über der Frequenz konstant sein, also eine geringe Welligkeit aufweisen. Außerdem sollte die Phase eine lineare Funktion der Frequenz sein, da eine lineare Phase eine konstante Verzögerung des verstärkten Signals darstellt und es somit nicht verzerrt wird. Beide Effekte verursachen bei der Übertragung von komplexmodulierten Daten eine Verzerrung der Phasen- und Amplitudeninformation [RAC+02].

Nach [TKH+08] darf für eine verzerrungsfreie Übertragung die Veränderung der Gruppenlaufzeit maximal 20 % der Symbollänge betragen. Die Gruppenlaufzeit τ_{GD} ist gegeben durch [PC03]:

$$\tau_{GD} = -\frac{\partial(\angle S_{21})}{\partial \omega} \tag{4.2}$$

wobei $\angle(S_{21})$ der Winkel der Kleinsignalverstärkung S_{21} und f die Frequenz ist. Wenn ein On-Off-Keying moduliertes Signal mit einer Datenrate von 40 Gbit/sec übertragen werden soll, darf die Änderung der Gruppenlaufzeit τ_{GD} nicht größer als 5 ps sein.

Damit die entworfenen Verstärker in ein Gesamtsystem integriert werden können müssen sie ein- und ausgangsseitig auf 50 Ω angepasst werden.

Nichtlineare Kenngrößen Im Kleinsignalbetrieb ist das Ausgangssignal linear abhängig vom Eingangssignal, d.h. eine lineare Steigerung der Eingangsleistung führt auch zu einer linearen Steigerung der Ausgangsleistung. Wird die Eingangsleistung weiter erhöht entstehen Harmonische, die das Ausgangssignal verzerren und deren Leistung nicht mehr der Fundamentalen zur Verfügung steht.

Der 1-dB Kompressionspunkt ist ein Maß für genau dieses Verhalten und ist definiert als die Verstärkung $G_{1-\mathrm{dB}}$, bei der die auftretenden Nichtlinearitäten des Transistors die Verstärkung um 1 dB gegenüber der linearen Kleinsignalverstärkung reduziert haben. Die damit verbundene Ausgangsleistung $P_{\mathrm{aus},1-\mathrm{dB}}$ in dBm ergibt sich mit der Eingangsleistung $P_{\mathrm{ein},1-\mathrm{dB}}$ zu:

$$P_{\mathrm{aus},1-\mathrm{dB}} = P_{\mathrm{ein},1-\mathrm{dB}} + G_{1-\mathrm{dB}} \tag{4.3}$$

Eine große lineare Ausgangsleistung ist notwendig um amplitudenmodulierte Signale verzerrungsfrei übertragen zu können. Aus diesem Grund sind die mit dem 1-dB Kompressionspunkt verbundenen Größen für diese Arbeit von besonderer Wichtigkeit. Die Messaufbauten zur Bestimmung der Größen werden in Abschnitt 4.2 beschrieben.

Die Sättigungsausgangsleistung $P_{\text{aus,sat}}$ ist definiert als die Ausgangsleistung, bei der eine Steigerung der Eingangsleistung zu keiner weiteren Steigerung der Ausgangsleistung führt. Da mit der verfügbaren Messausrüstung nicht ausreichend Eingangsleistung zur Verfügung steht um damit das Sättigungsverhalten zu beobachten, findet im Rahmen dieser Arbeit die Kennzahl $P_{\text{aus,sat}}$ keine Beachtung. Es findet statt dessen $P_{\text{aus,max}}$ Verwendung, was die maximale Ausgangsleistung angibt, die mit dem gegebenen Messaufbau erreicht werden kann.

Eine Verzerrung des Ausgangssignals findet auch durch Mischprodukte statt [Cri07], die entstehen, wenn mehr als ein sinusförmiges Signal auf den Eingang eines nichtlinearen Verstärkers gegeben werden. Es ergeben sich dann am Ausgang, zusätzlich zu den Eingangssignalen, Mischprodukte (englisch: intermodulation product), wobei bei Zweitonanregung die Mischprodukte dritter Ordnung von besonderem Interesse sind, da diese meist in die Verstärkerbandbreite fallen und damit das Ausgangssignal stören. Trotz ihrer Relevanz sind im Rahmen dieser Arbeit keine Messungen zur Bestimmung der Mischprodukte möglich, da die verfügbare Messausstattung dies nur bis ca. 30 GHz erlaubt.

Die Effizienz eines Verstärkers kann auf viele unterschiedliche Arten angegeben werden. Die häufigsten sind die Drain-Effizienz η_{drain}, die Leistungseffizienz (englisch: power added efficiency, *PAE*) und die gesamte Effizienz η_{gesamt} [RAC+02]. Meist findet in der Literatur nur die *PAE* Beachtung, die auch in dieser Arbeit ausschließlich genutzt wird um die Effizienz der untersuchten Verstärker zu beschreiben.

Sie ist wie folgt definiert [Gon97]:

$$PAE = \frac{P_{\mathrm{HF,aus}} - P_{\mathrm{HF,ein}}}{P_{\mathrm{DC}}} \cdot 100\,\% \tag{4.4}$$

Dabei ist $P_{\mathrm{HF,ein}}$ die Eingangs- und $P_{\mathrm{HF,aus}}$ ist die Ausgangsleistung des Verstärkers. Die Gleichspannungsverlustleistung ist durch P_{DC} gegeben.

4.2. Messtechnik zur Charakterisierung von Leistungsverstärkern

Die Messtechnik dient in dieser Arbeit zum einen als Basis des intrinsischen Transistormodells. Sie dient auch dazu die Genauigkeit der entwickelten Modelle zu überprüfen und die Leistungsfähigkeit der entworfenen Schaltungen zu ermitteln. Dafür sind verlässliche Messungen notwendig, mit denen das Kleinsignalverhalten, d.h. die S-Parameter und das Großsignalverhalten, wie z.B. die Kompression, bestimmt werden können. Im Folgenden wird zuerst darauf eingegangen wie prinzipiell die S-Parameter bestimmt werden. Obwohl diese im Rahmen dieser Arbeit für verschiedene Schaltungen in verschiedenen Frequenzbereichen ermittelt werden, ist das prinzipielle Vorgehen immer gleich. Im Anschluss werden verschiedene Aufbauten vorgestellt, mit denen das Großsignalverhalten der entworfenen Verstärker untersucht wird. Auch hier soll nur das Messprinzip vorgestellt werden.

Untersuchung des Kleinsignalverhaltens Im Rahmen dieser Arbeit werden Messungen bis 325 GHz durchgeführt. Kommerziell erhältliche Messgeräte sind nicht in der Lage diesen Frequenzbereich durchgängig abzudecken. Die Messungen finden daher in getrennten Frequenzbändern

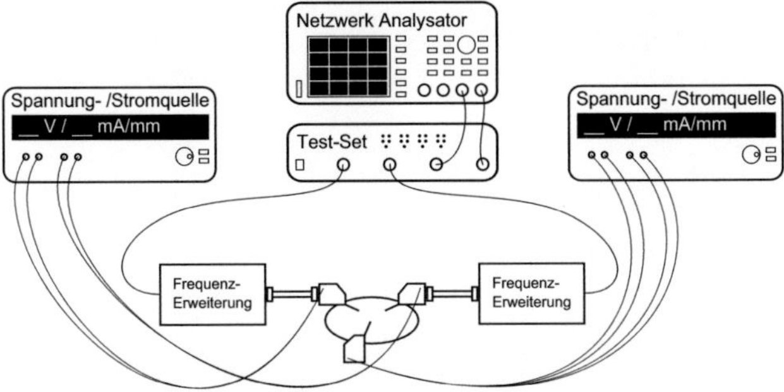

Abbildung 4.1.: Schematische Darstellung des genutzten Messaufbaus zur Bestimmung des Kleinsignalverhaltens der MMIC.

statt [FDS+06, FSP+12]. Der prinzipielle Messaufbau ist in Abbildung 4.1 zu sehen. Der verfügbare Frequenzbereich des Netzwerkanalysators wird mit Frequenzerweiterungsmodulen vergrößert. Bis 110 GHz folgen diesen Modulen koaxiale Wellenleiter, darüber hinaus Hohlleiter, die das Signal zu den Messspitzen führen. Die Messspitzen wiederum stellen einen Koax- oder Hohlleiter zu CPW Übergang dar, mit denen Schaltungen kontaktiert werden können. Die Kalibrierung des S-Parameter Messsystems findet bis zur Messspitze statt und die Referenzebene nach Kalibrierung liegt am Ende der Messspitze. Dafür werden von den Herstellern der Messspitzen zur Verfügung gestellte Substrate genutzt (englisch: impedance standard substrate, ISS). Mit Hilfe der ISS und Methoden wie LRRM oder TRL [LM07] findet die Kalibrierung statt.

Untersuchung des Großsignalverhaltens Der prinzipielle Aufbau des genutzten skalaren Großsignalmessplatzes ist in Abbildung 4.2 gegeben. Ein kommerzieller Signalgenerator speist einen kommerziell verfügbaren Frequenzvervielfacher mit integriertem Leistungsverstärker (englisch: source module). Das so erzeugte Signal wird gegebenenfalls weiter verstärkt und anschließend in den gewünschten Frequenzbereich vervielfacht, wo es gegebenenfalls erneut verstärkt wird. Anschließend wird das Signal mit

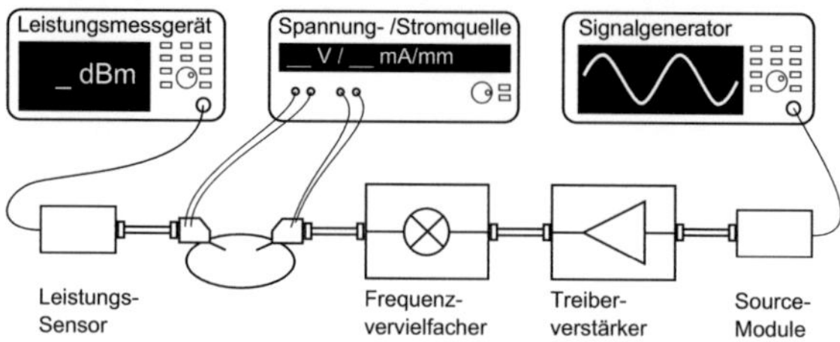

Abbildung 4.2.: Schematische Darstellung des genutzten Messaufbaus zur Bestimmung des Großsignalverhaltens der MMIC.

Hilfe von Messspitzen der Schaltung zugeführt. Ausgangsseitig ist erneut eine Messspitze angeschlossen, die das Signal einem Leistungsmessgerät zuführt. Da dieses nur in der Lage ist absolute Leistungspegel zu messen, sind mit diesem Aufbau nur skalare und keine vektoriellen Messungen möglich. Gegebenenfalls werden Isolatoren zwischen den einzelnen Komponenten eingesetzt. Diese verhindern Oszillationen und kompensieren die teilweise nicht ausreichende Rückflussdämpfung der Komponenten. Dieser Aufbau ist komplett in Hohlleitertechnik ausgeführt. Die Kalibrierung des Leistungspegels erfolgt skalar. Dafür werden zuerst die Messspitzen entfernt und die an der eingangsseitig angeschlossenen Spitze verfügbaren Leistungspegel aufgenommen. Es wird auf diese Referenzebene kalibriert. Anschließend werden die Messspitzen angeschlossen und ein kurzes Stück Leitung kontaktiert, dessen Verluste vernachlässigbar sind. Nun werden die Verluste dieses Systems bestimmt, das sich aus der Summe der Übergangsverluste der Spitzen ergibt. Eine Kalibrierung auf die Messspitzen findet statt, indem die Annahme getroffen wird, dass die Messspitzen identisch sind, d.h. die gleichen Verluste auftreten. Die Leistungspegel werden entweder mit Dioden-Detektoren oder Kalorimetern gemessen [Eri99]. Beide Systeme messen die gesamte im Frequenzbereich einfallende Leistung, d.h. sie sind nicht geeignet um damit Intermodulationsmessungen auszuwerten.

Insgesamt muss festgestellt werden, dass die mögliche Genauigkeit dieses Aufbaus geringer ist als die von S-Parameter Messungen. Es können Fehler entstehen durch ein fehlerhaftes Rückrechnen der Messspitzen. Die Verluste können fehlerhaft oder unzureichend bestimmt werden. Außerdem ist nicht anzunehmen, dass beide Spitzen komplett identisch sind und somit identische Verluste aufweisen. Dies sind systematische Fehler. Außerdem besteht eine Unsicherheit beim Leistungspegel den die Signalquelle zur Verfügung stellt und beim gemessenen Pegel, den das Leistungsmessgerät anzeigt. Beide Pegel können zufälligen Schwankungen unterliegen, die nicht verhindert werden können.

In [FGS+08] wurden die systematischen und zufälligen Fehler abgeschätzt. Dort hat sich gezeigt, dass Fehler von $\approx \pm 0,5$ dB auftreten können. Da dort ein ähnlicher Aufbau genutzt wurde, ist dieser Fehler auch für die in dieser Arbeit gezeigten Leistungsmessungen zu erwarten.

4.3. Anwendung von Methoden zur Steigerung der Ausgangsleistung

Da die Serienschaltung von Verstärkerstufen lediglich für die Höhe der Verstärkung verantwortlich ist, allerdings nicht die maximale Ausgangsleistung beeinflusst, müssen entweder spezielle Methoden zur Steigerung der Ausgangsleistung angewandt oder mehrere Transistorstufen parallelisiert werden, um so den verfügbaren Strom und damit die verfügbare Ausgangsleistung zu steigern.

Im Folgenden wird gezeigt, dass Methoden, die bei geringen Arbeitsfrequenzen erfolgreich zur Steigerung der Ausgangsleistung eingesetzt werden können, im hohen mmW-Frequenzbereich nicht mehr vorteilhaft sind und eine Steigerung der Ausgangsleistung nur durch Parallelisierung von Transistorstufen und einer geeigneten Dimensionierung der einzelnen Transistorstufen erfolgen kann.

Großsignalanpassung Bei einem Kleinsignalverstärker werden Eingang und Ausgang der Schaltung so angepasst, dass maximaler Leistungstransfer möglich ist. Dieser ist gegeben, wenn die Abschlüsse konjugiert-komplex angepasst sind.

Bei einem LNA wird der Eingang des Transistors nicht nur auf Leistungstransfer angepasst, sondern auch so, dass der Verstärker das Signal besonders rauscharm verstärkt, d.h. nur wenig Rauschen dem Signal hinzufügt. Die Rauschparameter R_n, F_min und Γ_opt bestimmen dabei das Rauschverhalten, wobei Γ_opt die Impedanz angibt, die geringes Rauschen erlaubt. Wird ein Transistor darauf angepasst, so ist der entstehende LNA sehr rauscharm. Ein ähnliches Vorgehen gibt es bei Leistungsverstärkern, wo es eine Lastimpedanz gibt, die, wenn der Verstärker darauf angepasst ist, zur höchst möglichen Ausgangsleistung führt.

Wie in Abschnitt 3.1 beschrieben wurde, muss beim klassischen Entwurf von Leistungsverstärken, der möglich ist solange die Arbeitsfrequenzen der Verstärker deutlich kleiner als die Grenzfrequenzen der Transistoren sind, der Ausgang eines Transistors für maximale Ausgangsleistung nicht konjugiert-komplex angepasst werden, sondern so, dass die entstehende Lastgerade den größten Spannungs- und Stromhub ermöglicht. Von dieser vereinfachten Betrachtung ausgehend lassen sich so genannte Leistungshöhenlinien (englisch: load contours) entwickeln [Cri83]. Diese entstehen, indem im Smith-Diagramm die Kurven für gegebene feste Verstärkungspegel eingetragen werden, die sich bei einer konstanten Eingangsleistung ergeben. Die Kurven lassen sich in Messung und Simulation erzielen, indem die Lastimpedanz des Transistors innerhalb des kompletten Smith-Diagramms variiert wird. Dieser Vorgang wird daher englisch Load-Pull genannt [Tak76].

In Abbildung 4.3 ist der schematische Aufbau eines Load-Pull Systems zu sehen. Der zu untersuchende Transistor, in diesem Fall ein Transistor in CS Anordnung, wird eingangsseitig mit der Quelle verbunden, die bei einer ge-

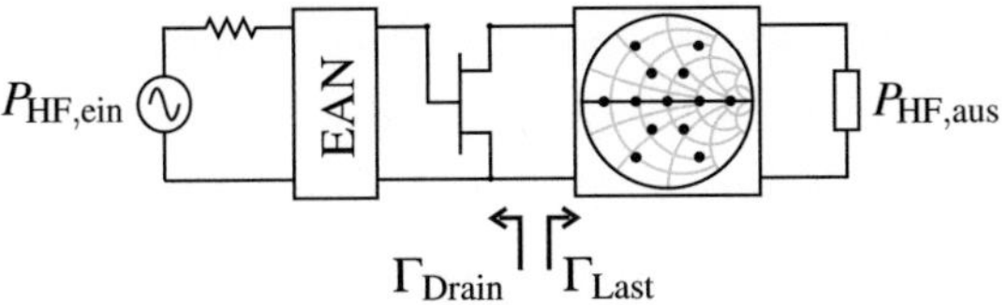

Abbildung 4.3.: Schematische Darstellung eines Systems zur Load-Pull Untersuchung von Transistoren.

gebenen Frequenz eine gegebene Eingangsleitung $P_{HF,ein}$ bereit stellt. Die Verbindung kann entweder direkt erfolgen oder über ein Eingangsanpassnetzwerk (EAN) so dass der Transistor am Eingang leistungsangepasst ist. Zur Untersuchung des Großsignalverhaltens wird dann der am Ausgang des Transistors anliegende Reflexionsparameter Γ_{Last} variiert und anhand der an der Last gemessenen Leistung $P_{HF,aus}$ und P_{DC} die verfügbare Verstärkung und Effizienz aufgenommen.

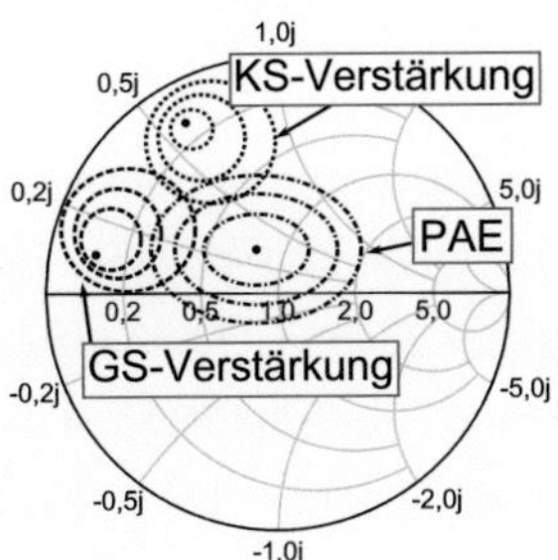

Abbildung 4.4.: Darstellung von Höhenlinien, die sich für Klein- und Großsignalverstärkung und Effizienz ergeben. Die Kurven repräsentieren keinen physikalischen Transistor, sondern sind generische Kurven zur Verdeutlichung des Prinzips.

Daraus entstehen die in Abbildung 4.4 für einen beispielhaft gewählten Transistor gezeigten Höhenlinien. Es sind die Kurven konstanter Verstärkung bei Kleinsignalbetrieb (KS-Verstärkung), Großsignalbetrieb (GS-Verstärkung) und für die *PAE* bei GS-Verstärkung gegeben. Die Maxima der Höhenlinien geben immer den Reflexionsparameter an, für den maximale Verstärkung bzw. Effizienz erzielt werden kann. Jede der sich um den Mittelpunkt ausbreitenden Linien stellt eine Verringerung der Verstärkung, bzw. Effizienz, um einen festgelegten Wert dar. Beim skizzierten Szenario kann beobachtet werden, dass sich der Wert für maximale KS-Verstärkung von dem für maximale GS-Verstärkung unterscheidet, der sich wiederum von dem für maximale *PAE* unterscheidet. Beim Schaltungsentwurf ist es also wichtig zu wissen welche Eingangsleistung erwartet wird um das Ausgangsnetzwerk entsprechend zu gestalten.

Wie in Abschnitt 3.2 gezeigt wurde besteht ein Transistor ausgangsseitig nicht nur aus einer idealen Stromquelle, sondern bettet diese in Kapazitäten und Induktivitäten ein, die durch das intrinsische und extrinsische Netzwerk gegeben sind. Dadurch ist der Ansatz, die Ausgangsleistung zu steigern indem die Lastgerade optimiert wird, nicht anwendbar und Load-Pull Messungen bei der Arbeitsfrequenz sind notwendig um das Großsignalverhalten das Transistors zu bestimmen [RAC+02].

Da kommerzielle Load-Pull Systeme nur bis ca. 110 GHz verfügbar sind, können im hohen mmW-Frequenzbereich keine Load-Pull Messungen zur Optimierung des Verstärkerverhaltens durchgeführt werden [Mau]. Load-Pull Untersuchungen anhand von Simulationen sind möglich, setzen aber verlässliche Großsignalmodelle voraus. Diese werden in der Regel anhand von Gleichspannungsmessungen und einem umfangreichen Satz von S-Parameter Messungen erstellt. Wie bei Kleinsignalmodelle, werden hier nur Messungen bis 110 GHz genutzt, da bei höheren Frequenzen die Genauigkeit der Messsysteme keine verlässliche Modellbasis bietet. Bei Großsignalmodellen muss also auch einer Extrapolierung des Transistorverhaltens vertraut werden, was, wie im Folgenden gezeigt wird, nur beschränkt möglich ist.

Im folgenden Abschnitt wird daher das Load-Pull Verhalten der genutzten mHEMT Technologie messtechnisch überprüft.

4.3.1. Messtechnische Untersuchung der Großsignalanpassung von Transistoren

Im Rahmen dieser Arbeit wurde bei 140 GHz experimentell, also messtechnisch, überprüft, ob eine spezielle Großsignalanpassung beim Entwurf von Leistungsverstärkern im hohen mmW-Frequenzbereich mit der genutzten Transistortechnologie sinnvoll ist. Eine ausführliche Diskussion der Ergebnisse ist in [DMW+11] zu finden. Die Frequenz von 140 GHz und die 100 nm Gate-Länge mHEMT Technologie wurden aus verschiedenen Gründen gewählt. Die Frequenz ergibt sich aufgrund der verfügbaren Messsysteme, die bei dieser Frequenz noch so verlässlich sind und noch so viel Ausgangsleistung bereit stellen können, dass die folgenden Untersuchungen überhaupt möglich sind. Bei höheren Frequenzen nimmt sowohl die Zuverlässigkeit der Systeme als auch die Eingangsleistung ab, die zur Untersuchung der Schaltungen zur Verfügung steht. Die Mittenfrequenz der Teststruktur ist etwa bei der Hälfte der Grenzfrequenzen $f_{\mathrm{T}} = 220$ GHz und $f_{\mathrm{max}} = 300$ GHz der genutzten Technologie. Die so getroffenen Erkenntnisse sind dadurch übertragbar auf die in dieser Arbeit genutzten Transistoren und entworfenen Schaltungen, die mHEMT mit 35 oder 50 nm Gate-Länge nutzen. Für die Testschaltung wurde ein mHEMT des Fraunhofer IAF mit einer Gate-Länge von 100 nm eingangsseitig konjugiert-komplex auf 50 Ω angepasst. Ausgangsseitig wurde er mit Hilfe von zwei monolithisch integrierten Schaltern so angepasst, dass durch eine Variation der beiden Schalter-Steuerspannungen die dem Transistor präsentierte Lastimpedanz verändert werden kann.

Ein Foto der Testschaltung, die eine Größe von $1{,}0 \times 0{,}75\,\mathrm{mm}^2$ hat, ist in Abbildung 4.5b zu sehen. Der Kern der Schaltung ist der Transistor T_1 in CS Anordnung, der zwei parallele Gate-Finger mit einer Einzelweite von 30 µm nutzt. Die Versorgungsspannungen des Transistors werden über die Messspitzen zugeführt.

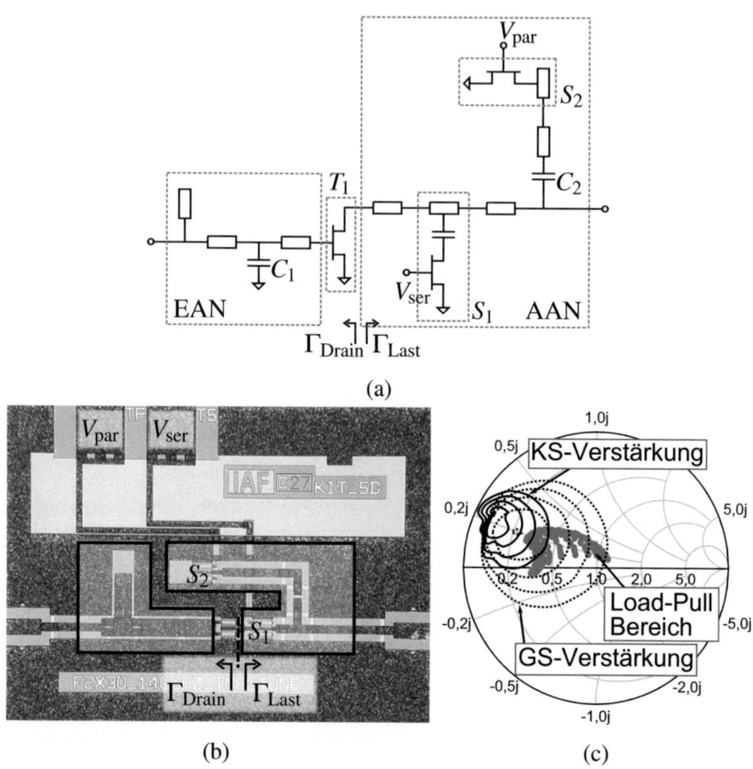

Abbildung 4.5.: (a) Ersatzschaltbild der Testschaltung. (b) Foto der Testschaltung mit der Größe $1{,}0 \times 0{,}75\,\text{mm}^2$. (c) Simulierte Kurven von konstanter Klein- und Großsignalverstärkung und simulierter Bereich, in dem die Lastimpedanz der Teststruktur variiert werden kann [DMW+11].

Da der untersuchte mHEMT nicht unilateral ist und sich Änderungen am Ausgangsanpassnetzwerk (AAN) am Eingang des Transistors bemerkbar machen, muss das Eingangsanpassnetzwerk (EAN) entsprechend dimensioniert werden. Es nutzt serielle und parallele Leitungen und die Kapazität C_1 zur Leistungsanpassung. Durch dieses mehrstufige Netzwerk ist der Eingang immer sehr gut leistungsangepasst, selbst wenn das Verhalten des AAN variiert wird.

Das Ausgangsnetzwerk nutzt zur Anpassung neben seriellen und parallelen Leitungen auch einen kapazitiv geladenen Schalter gegen Masse (S_1) und einen zweiten Schalter gegen Masse (S_2). S_2 ist mit Hilfe der Kapazität C_2 gleichspannungsentkoppelt, sodass die Drain-spannung des Transistors T_1 durch S_2 nicht kurzgeschlossen wird. Die in den Schaltern auftretenden Kapazitäten und Induktivitäten werden gemeinsam mit den Leitungen genutzt um den Transistor T_1 anzupassen.

Durch eine Veränderung der Schalterspannungen V_{ser} und V_{par} kann das Verhalten von S_1 und S_2 und somit das Verhalten des AAN gesteuert werden. Dadurch wird auch Γ_{Last} geändert, d.h. es findet ein Load-Pull statt. Das EAN und AAN wurden so gestaltet, dass die Testschaltung immer mit besser als 6 dB angepasst ist. Der Bereich im Smith-Diagramm, der durch die Änderung der Steuerspannungen abgedeckt werden kann, wurde simuliert und ist in Abbildung 4.5c durch die Punktewolke dargestellt. Zusätzlich sind die simulierten Höhenlinien für konstante Verstärkung bei Kleinsignalbetrieb und bei einer Eingangsleistung von 4 dBm dargestellt. Es ist zu erkennen, dass sich die beiden Kurven eindeutig unterscheiden und bei unterschiedlichen Reflexionsparametern ihre Maxima haben. Jede Kurve entspricht der Verringerung der Verstärkung um 1 dB.

In den Abbildungen 4.6a-b sind die gemessenen und auf den Maximalwert normierten Verstärkungen für alle Steuerspannungen bei einer Eingangsleistung von -20 und +4 dBm aufgetragen. Bei der Eingangsleistung von -20 dBm ist der Transistor im Kleinsignalbetrieb. Messungen haben gezeigt [DMW+11], dass bei einer Eingangsleistung von +4 dBm die Testschaltung bereits ca. 6 dB in Kompression, also im Großsignalbetrieb ist. Die Eingangsleistung von +4 dBm stellt dabei die Quellenleistung dar. Durch die gute Kleinsignal-Eingangsanpassung von besser als 6 dB ist die am Transistor aufgenommene Leistung nur unwesentlich geringer. Die Normierung wurde dabei auf die linearen Größen der Verstärkung und nicht die logarithmischen Größen angewandt. Die gemessene normierte Kleinsi-

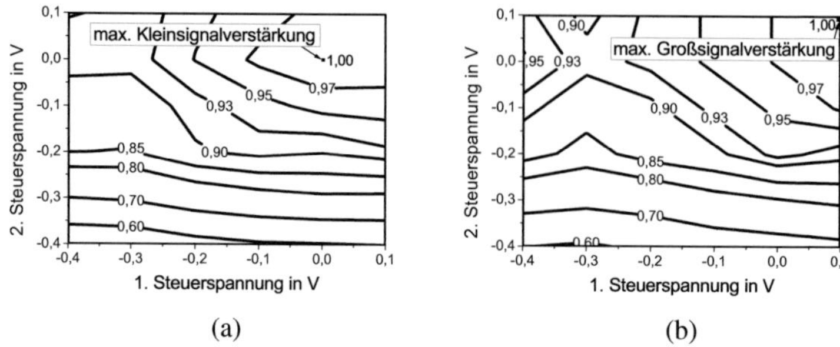

Abbildung 4.6.: Gemessene und aufs jeweilige Maximum normierte (a) Klein- und (b) Großsignalverstärkung im gesamten Aussteuerbereich. Die Messungen fanden bei 140 GHz an einem Transistor mit 100 nm Gate-Länge und 2×30 µm Gate-Weite statt.

gnalverstärkung hat ihr Maximum wenn beide Steuerspannungen 0 V sind, während die gemessene normierte Großsignalverstärkung ihr Maximum hat, wenn beide Steuerspannungen 0,1 V sind. Es kann aber vor allem beobachtet werden, dass sich das gemessene Klein- und Großsignalverhalten im gesamten Bereich der Steuerspannungen nicht nennenswert unterscheidet, obwohl ein deutlich unterschiedliches Verhalten durch die Simulationen vorhergesagt wurde. Durch die Veränderung der Steuerspannungen von der besten Kleinsignalverstärkung zur besten Großsignalverstärkung ist lediglich eine Vergrößerung der Verstärkung um 0,03 Prozentpunkte möglich. Auf die gemessenen Verstärkungswerte angewandt bedeutetet dies, dass damit nur eine Steigerung der Ausgangsleistung um 0,2 dBm möglich ist. Die Untersuchung der Teststruktur zeigt also messtechnisch, dass eine spezielle Großsignalanpassung nicht vorteilhaft ist, da die verfügbare maximale Ausgangsleistung unter Berücksichtigung von Fehlanpassung und Einfügedämpfung annähernd konstant bleibt, während sie sich in der Simulation auf Basis der im Vorfeld der Arbeit verfügbaren Großsignalmodelle deutlich ändert.

Aufgrund der nicht zu vernachlässigenden Großsignalmodellungenauigkeit, der Prozessvariation und den zitierten Untersuchungen findet im Rahmen dieser Arbeit keine besondere Großsignalanpassung statt. Die Ausgangsleistung der Verstärker wird nur durch eine geeignete Parallelisierung von Transistoren erreicht, welche die verfügbare Ausgangsleistung steigern.

4.3.2. Geeignete Transistorgrößen für maximale Ausgangsleistung

Da, wie gezeigt, die verfügbaren Großsignalmodelle von Transistoren keine ausreichend verlässliche Grundlage bilden, um damit Verstärker zu entwerfen, wurde in [DKM+10, DKM+11] messtechnisch untersucht welche Transistorgrößen für Schaltungen mit großer Ausgangsleistung im Frequenzbereich um 210 GHz vorteilhaft sind. Es wurden dafür Transistoren mit unterschiedlicher Gate-Weite und zwei bzw. vier parallelen Fingern untersucht.

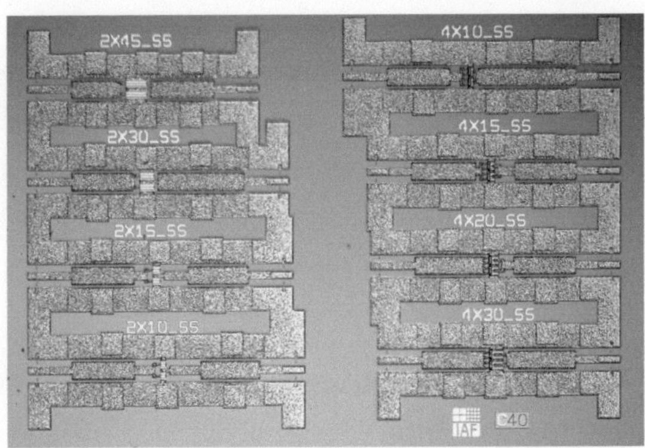

Abbildung 4.7.: Foto der untersuchten Teststrukturen in CPWG50u Umgebung.

Da die genutzten Transistoren im untersuchten Frequenzbereich nicht auf die Systemimpedanz von 50 Ω angepasst sind, kann keine oder nur wenig Verstärkung beobachtet werden. Deshalb wurden in diesem Abschnitt Transistoren mit zusätzlichem Eingangs- und Ausgangsanpassnetzwerk gemessen, wobei die Netzwerke serielle Leitungen unterschiedlicher Länge und Impedanz in CPWG50u Umgebung nutzen. Die untersuchten Teststrukturen sind in Abbildung 4.7 zu sehen.

Da im vorherigen Kapitel gezeigt wurde, dass eine spezielle Großsignalanpassung nicht zu signifikant mehr Ausgangsleistung im Vergleich zur Kleinsignalanpassung führt, sind alle in diesem Abschnitt untersuchten Transistorteststrukturen konjugiert-komplex, d.h. leistungsangepasst.

Wie in [DKM+11] zu sehen ist, verfügen alle Strukturen über eine gute Anpassung von ca. 10 dB bei ihrer Mittenfrequenz. Alle Strukturen verfügen über etwa die gleichen Leitungsverluste am Ein- und Ausgang von ca. 0,7 dB. Durch die gute Anpassung, die gleichen Leitungsverluste und die Tatsache, dass alle Strukturen mit den gleichen Messsystemen und Kalibrierungen charakterisiert wurden, ist ein Vergleich der Messergebnisse zulässig. Durch den Vergleich der Ergebnisse können also messtechnisch die zum Entwurf von Leistungsverstärkern am besten geeigneten Transistorgrößen bestimmt werden. Auch bei diesem Vergleich finden mHEMT mit einer Gate-Länge von 100 nm Anwendung, die sich durch die besondere Reproduzierbarkeit der Ergebnisse auszeichnen. In den Messungen wurden alle Transistoren bei ihrer Mittenfrequenz, die bei 210 GHz liegt und der Gate-Spannung für maximale Kleinsignalverstärkung gemessen.

Die Messergebnisse sind in Abbildungen 4.8a-c zu finden, wobei Abbildung 4.8a die lineare Ausgangsleistung $P_{\mathrm{aus,1-dB}}$ über der mit der Teststruktur maximal gemessenen Verstärkung darstellt und in Abbildung 4.8b die auf die Gate-Weite normierte lineare Ausgangsleistung über der mit der Schaltung maximal erreichbaren Verstärkung, d.h. der Kleinsignalverstärkung aufgetragen ist.

Es ist zu sehen, dass bei 210 GHz Transistoren mit zwei parallelen Fingern immer über die bessere Leistungsdichte und über eine höhere absolute Aus-

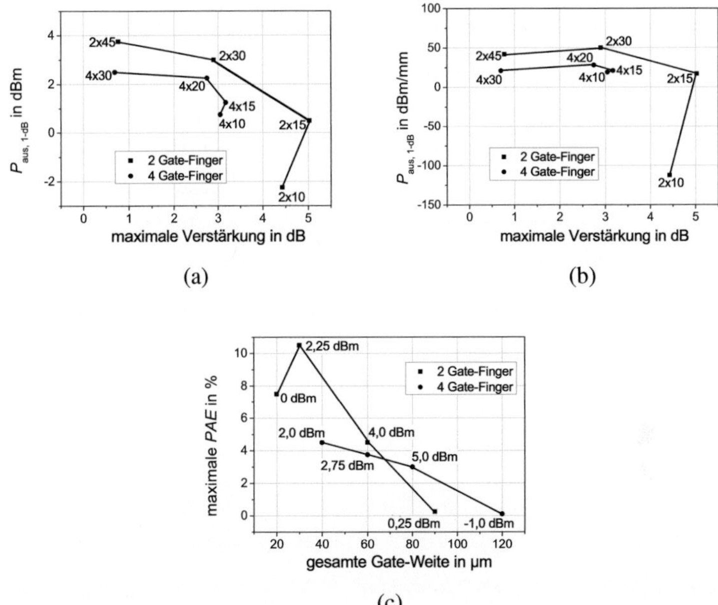

Abbildung 4.8.: (a) Gemessene absolute und (b) auf die Gate-Weite normierte Ausgangsleistung über der maximal erzielbaren Verstärkung und (c) *PAE* für verschiedene Teststrukturen. In (c) ist auch die bei max. *PAE* verfügbare Ausgangsleistung angegeben. Die Messungen fanden alle bei 210 GHz an leistungsangepassten Transistoren mit einer Gate-Länge von 100 nm statt.

gangsleistung als Transistoren mit vier parallelen Fingern verfügen. In den Abbildungen 4.8a-b ist auch gezeigt, dass die verfügbare Ausgangsleistung mit der Gate-Weite zunimmt, d.h. je größer die Gate-Weite, desto größer ist die verfügbare Ausgangsleistung. Es ist auch zu sehen, dass die Ausgangsleistungsdichte, d.h. die Ausgangsleistung bezogen auf die Gate-Weite über einen weiten Bereich relativ konstant ist.

Zusätzlich ist in Abbildung 4.8c die mit der jeweiligen Struktur maximal gemessene *PAE* über der absoluten Gate-Weite aufgetragen, die sich als das

Produkt aus der Anzahl der parallelen Fingern multipliziert mit der Einzelfingerweite ergibt. Es ist zu beobachten, dass die Effizienz mit steigender Gate-Weite abnimmt und dass $2\times30\,\mu m$ und $4\times15\,\mu m$ Transistoren, welche die gleiche absolute Gate-Weite besitzen, auch eine sehr vergleichbare *PAE* aufweisen. Allerdings wurde bereits gezeigt, dass der zwei-Finger Transistor über eine größere lineare Ausgangsleistung verfügt, weshalb er im Vorteil gegenüber dem vergleichbaren vier-Finger Transistor ist. Dies wird weiter verdeutlicht indem zusätzlich zur *PAE* die bei der Eingangsleistung, die zur maximalen *PAE* führt, auch die bei der Eingangsleistung verfügbare Ausgangsleistung angegeben ist. Hier sind erneut zwei-Finger Transistoren zu bevorzugen. Aus diesen Gründen finden in dieser Arbeit nur mHEMT mit zwei parallelen Fingern Anwendung. Außerdem wurde die Gate-Weite so groß wie möglich gewählt um die Ausgangsleistung zu maximieren. Auf der anderen Seite wurde die Gate-Weite so klein gewählt, dass die Transistoren noch ausreichend Verstärkung aufweisen. Zusätzlich ist es so, dass kleine Gate-Weiten meist auch geringere Gütefaktoren bei Anpassnetzwerken und somit höhere Bandbreiten und eine verbesserte Phasenlinearität erlauben [RAC⁺02].

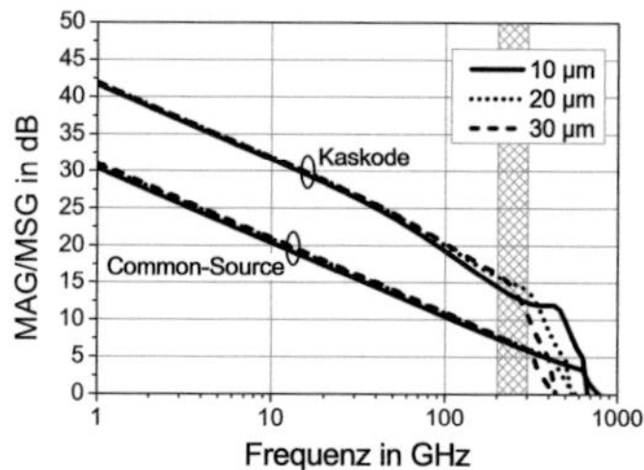

Abbildung 4.9.: Simuliertes MAG/MSG Verhalten von Transistoren in CS und Kaskode Anordnung mit zwei parallelen Fingern und einer Einzelfingerweite von 10 bis $30\,\mu m$

Die geeignete Transistor Gate-Weite wurde auch mit Hilfe von Simulationen anhand der Parameter *MSG*/*MAG* untersucht. Wie in Abschnitt 3.1 beschrieben, geben diese Parameter die Verstärkung von Transistoren an, die bei eingangs- und ausgangsseitiger Leistungsanpassung maximal erzielt werden kann, bzw. darf, ohne Instabilitäten zu verursachen. Bis zu der Frequenz $f_{\max}$, wo $MSG/MAG = 0\,\mathrm{dB}$ wird, ist der Transistor in der Lage bei geeigneter Anpassung ein einkommendes Signal zu verstärken. Abbildung 4.9 zeigt *MSG/MAG* in dB über der logarithmisch aufgetragenen Frequenz für Transistoren in Common-Source und Kaskode Anordnung. Die Transistoren verfügen alle über eine Gate-Länge von 50 nm und zwei parallele Finger. Die Einzelfingerweite wird von 10 bis 30 µm variiert und die beiden in einer Kaskode genutzten Transistoren sind mit einer Leitung der Länge 10 µm und der Impedanz 50 Ω verbunden. Der für diese Arbeit relevante Frequenzbereich von 200 bis 300 GHz ist schraffiert markiert. Es ist zu erkennen, dass, wie bereits beschrieben, Transistoren in Kaskode Anordnung über eine größere maximale Verstärkung verfügen. Es ist weiter zu erkennen, dass die Verstärkung von Transistoren mit einer Einzelfingerweite von 30 µm bereits gegen 300 GHz stark zu fallen beginnt. Diese stellt somit die Obergrenze der nutzbaren Fingerweiten dar. Für den Entwurf von Leistungsverstärkern im Frequenzbereich von 200 bis 300 GHz, die Transistoren in Kaskode-Anordnung mit einer Gate-Länge von 50 nm verwenden, können also Fingerweiten von maximal 30 µm genutzt werden.

In diesem Abschnitt wurde untersucht, inwieweit klassische Ansätze zum Entwurf von Leistungsverstärkern, im Rahmen dieser Arbeit angewandt werden können. Durch Messungen wurde gezeigt, dass spezielle Großsignalanpassungen der Transistoren im untersuchten Frequenzbereich nicht vorteilhaft sind und eine Kleinsignalanpassung ausreichend ist. Klassische Ansätze wie Optimierung der Lastgeraden und erweiterte Ansätze wie Load-Pull finden daher im Rahmen dieser Arbeit keine Anwendung. Weiter konnte durch Messungen gezeigt werden, dass Transistoren mit zwei parallelen Gate-Fingern über höhere absolute Ausgangsleistungen, höhere Ausgangsleistungsdichten und bei kleinen bis mittleren Fingerweiten auch über eine bessere *PAE* als Transistoren mit vier parallelen Gate-Fingern verfügen. Zusätzlich konnten durch Messungen und Simulationen geeignete Fingerweiten bestimmt werden, die zum Entwurf von Leistungsverstärkern im hohen mmW-Frequenzbereich mit der genutzten mHEMT Technologie geeignet sind.

4.4. Stabilitätsuntersuchung bei Leistungsverstärkern

Oszillationen in Verstärkern verursachen unerwünschte Spektralanteile am Ein- und Ausgang der Schaltung, auch wenn kein Eingangssignal anliegt. Außerdem reduzieren sie deutlich die verfügbare Kleinsignalverstärkung und können sogar zur Beschädigung oder Zerstörung des MMIC führen. Untersuchungen um Oszillationen zu verhindern sind daher von größter Bedeutung beim Entwurf von Leistungsverstärkern. Die Stabilitätsuntersuchungen müssen im gesamten Frequenzbereich durchgeführt werden, in dem der Transistor in der Lage ist zu oszillieren, d.h. bis $f_{\max}$. Ab diesen Frequenzen verhält sich der Transistor wie ein passives Bauteil und kann keine Oszillationen mehr verursachen [Wal12].

Es gibt dabei zwei Arten von Oszillationen die auftreten können: Niederfrequenzoszillationen, die durch die Spannungszuführung entstehen und Hochfrequenzoszillationen innerhalb des Hochfrequenzpfads der Schaltung. Der erste Fall macht es notwendig auch Kapazitäten, Induktivitäten und Zuführungen im Gleichspannungspfad zu berücksichtigen.

Gewöhnlich wird für Stabilitätsuntersuchungen der Rollettsche Stabilitätsfaktor K genutzt, der 1962 eingeführt wurde [Rol62]. Ist $K > 1$ und der Betrag des Eingangs- und Ausgangs-Reflexionsfaktors der Schaltung kleiner Eins, ist die Schaltung unbedingt stabil, d.h. es treten für alle Quell- und Lastimpedanzen keine Oszillationen auf. Ist $K < 1$ und der Betrag des Eingangs- und Ausgangs Reflexionsfaktor der Schaltung kleiner Eins, dann ist die Schaltung bedingt stabil, d.h. es gibt durch Stabilitätskreise markierte Impedanzen, für welche die Schaltung instabil ist. Für alle anderen Impedanzen ist die Schaltung stabil [VPR05].

Die Stabilitätsanalyse mit dem Rollettschen Faktor K hat verschiedene Nachteile. Wenn die Schaltung nur bedingt stabil ist, dann muss für jeden Frequenzpunkt der Stabilitätskreis betrachtet werden, um die Schaltung auf Stabilität zu untersuchen. Außerdem müssen mehrstufige Schaltungen aufgespalten werden um interne Oszillationen auszuschließen, da diese nicht sichtbar sind, wenn nur der K Faktor der Gesamtschaltung betrachtet wird [VPR05]. Es muss also jede Stufe eines Verstärkers separat untersucht werden, was ein zeitintensives und iteratives Verfahren ist, das voraussetzt, dass es zwischen den Stufen keine Rückwirkung gibt. Da in den meisten Verstärkern aber beispielsweise die Transistorspannungen für mehrere Stufen gleichzeitig zugeführt werden, gibt es potenziell eine Kopplung zwischen den Stufen, die bei einer getrennten Untersuchung nicht berücksichtigt wird. So können vor allem niederfrequente Oszillationen unbemerkt bleiben.

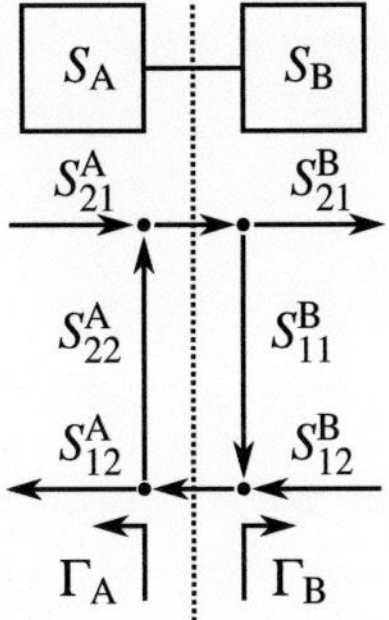

Abbildung 4.10.: Signalflussdiagramm am Übergang der Systeme S_A und S_B.

Eine alternative Herangehensweise ist, wie in der Regelungstechnik, mit dem Nyquist Kriterium den Verstärker auf Stabilität zu prüfen [WJN92]. Dieses lässt sich mit Hilfe von Abbildung 4.10 wie folgt formulieren: Werden zwei Netzwerke mit den S-Parametern S_A und S_B verbunden, kann die Wechselwirkung mit dem gezeigten Signalflussdiagramm beschrieben werden. Die Stabilität kann bestimmt werden, indem die Schleife im Signalflussdiagramm als Rückführkreis betrachtet wird. Damit kann das Stabilitätskriterium nach Nyquist auf die Übertragungsfunktion des offenen Regelkreises G angewandt werden, die durch

$$G = -\Gamma_{\mathrm{A}} \cdot \Gamma_{\mathrm{B}} \tag{4.5}$$

gegeben ist. Das Nyquist Kriterium besagt, dass wenn G in der komplexen Ebene aufgetragen wird und der Frequenzverlauf den Punkt -1 im Uhrzeigersinn umschließt, dann wird der geschlossene Regelkreis instabil sein [FDK08].

Eine alternative Betrachtungsweise von Gleichung 4.5 ist in [Poz12] gegeben, wo Schwingungsbedingungen in Oszillatoren untersucht werden. Dort wird hergeleitet, dass ein System oszilliert, wenn der Stabilitätsfaktor SF den Punkt $+1$ im Uhrzeigersinn umschließt. Es gilt $SF = -G$ und somit:

$$SF = \Gamma_{\mathrm{A}} \cdot \Gamma_{\mathrm{B}} \tag{4.6}$$

Um Stabilitätsuntersuchungen zu vereinfachen reicht es den Realteil von SF zu betrachten. Wenn dieser kleiner als oder gleich 1 ist, dann ist die Schaltung stabil. Wenn er größer als 1 ist, dann muss zusätzlich die Phase geprüft werden, um auszuschließen, dass der Punkt $+1$ umschlossen wird. Der Vorteil des Ansatzes ist, dass er nicht invasiv ist und auch Kopplung zwischen den Stufen erkannt wird. Mit invasiv ist gemeint, dass durch diese Untersuchung das Verhalten des gesamten Verstärkers nicht beeinflusst wird. Auch werden Oszillationen erkannt, die durch aktive Lasten oder Quellen ausgelöst werden. Nachteilig ist, dass dieser Ansatz sehr rechenintensiv ist, was besonders bei Verstärkern mit vielen seriellen und parallelen Stufen relevant ist.

Um die Stabilität eines Verstärkers zu prüfen müssen also an jedem Transistorübergang die Reflexionsparameter gemessen werden. Dies ist in der Simulation möglich, mit so genannten *Gamma-Probes*, die das Verhalten der Schaltung nicht beeinflussen. Um die Schaltung nicht nur für eine feste Quell- und Lastimpedanz auf Stabilität zu prüfen, müssen, wie beim Rollettschen K-Faktor, zusätzlich die Quell- und Lastimpedanzen in einem relevanten Bereich variiert werden. Wenn gleichzeitig die internen Reflexionsparameter überprüft werden, können somit alle möglichen Oszillationen erkannt werden

4.4.1. Umsetzung der Stabilitätsuntersuchung mit Gamma-Probes

Wie im vorherigen Abschnitt beschrieben, müssen bei der Stabilitätsuntersuchung mit Gamma-Probes die Quellen- und Lastimpedanzen variiert werden. Um mögliche Instabilitäten zu erkennen, muss jeder Frequenzbereich ausreichend detailliert untersucht werden. Da es meist nicht notwendig ist, einen unbedingt stabilen Verstärker zu entwerfen und Methoden zur unbedingten Stabilisierung dessen Leistungsfähigkeit einschränken, ist es ausreichend die Stabilität des Verstärkers für die Quell- und Lastimpedanzen zu prüfen, die dem Verstärker in der Messung und im Betrieb im Extremfall präsentiert werden können.

Die hergestellte Schaltung wird zuerst, wie in Abschnitt 4.2 beschrieben, mit Hilfe von Messspitzen charakterisiert. Anschließend wird sie meist in Hohlleitertechnik oder auf Leiterplatten aufgebaut. In allen Fällen findet die Zuführung des hochfrequenten Signals über Wellenleiter statt, die mit verlust-

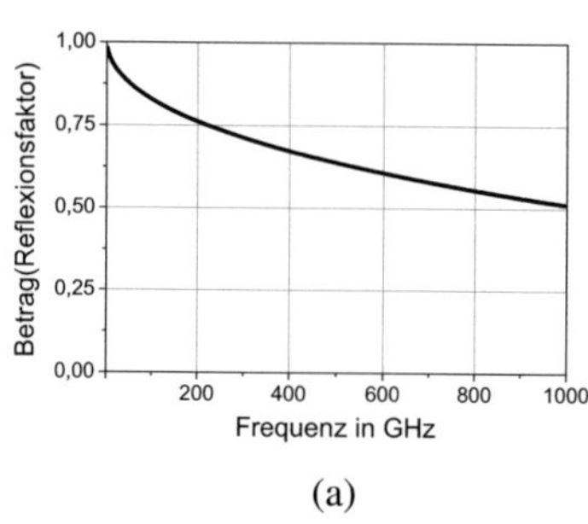

(a)

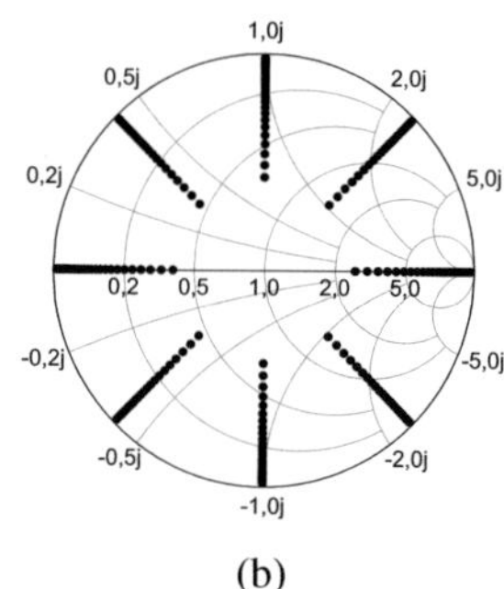

(b)

Abbildung 4.11.: (a) Simulierter Betrag des Reflexionsfaktors über der Frequenz. (b) Darstellung von (a) für die untersuchten Phasenwinkel.

behafteten Übergängen die Schaltung anbinden. Bei Messspitzen haben die Übergänge Verluste von ca. 5 dB [Cas], bei Hohlleiterübergängen im Modulaufbau von ca. 1,5 dB im Frequenzbereich von 200 bis 325 GHz [LDR+09]. Das gilt selbst wenn der Hohlleiterübergang monolithisch mit dem Verstärker integriert ist [SDC+08]. Diese Übergänge limitieren die maximal erzielbaren Reflexionsparameter. Zur Abschätzung des maximalen Reflexionsparameters wird der verlustbehaftete Übergang modelliert. Der größte Reflexionsfaktor wird der Schaltung präsentiert, wenn dem Übergang ein Kurzschluss oder Leerlauf folgt. Dieser wird dann, abhängig von der Frequenz und den im Übergang auftretenden Verlusten, transformiert. Der Verlauf des Betrags des Reflexionsfaktors, der zur Stabilitätsanalyse mit Gamma-Probes in dieser Arbeit genutzt wird, ist in Abbildung 4.11a von wenigen MHz bis 1 THz gezeigt. Da das Verhalten durch die Übergangsverluste gegeben ist und diese bei geringen Frequenzen vernachlässigbar sind, ist der maximale Reflexionsfaktor bei geringen Frequenzen 1 und weist im untersuchten Frequenzbereich einen Wert von ca. 0,7 bis 0,75 dB auf. Der Betrag des Reflexionsparameters wird bei allen Frequenzen nicht größer sein als der so bestimmte.

Um bei jeder Frequenz nicht nur einen Betragspunkt im Smith Diagramm zu testen, sondern ausreichend viele Punkte in der Reflexionsfaktorebene, wird die Phase des Reflexionsfaktors, wie in Abbildung 4.11b gezeigt, in Schritten von 45 ° variiert. Mit diesem Vorgehen werden dann ausreichend Punkte auf einer konstanten Betragsebene geprüft.

Das in der Arbeit verfolgte Verfahren prüft also nicht unbedingte Stabilität, sondern die Schaltung wird daraufhin untersucht ob sie stabil ist, wenn ihr alle Quell- und Lastimpedanzen präsentiert werden, die realistisch möglich sind.

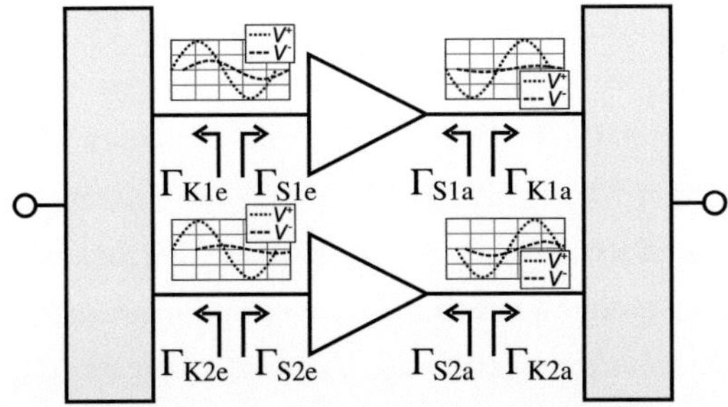

Abbildung 4.12.: Schematische Darstellung der Stabilitätsuntersuchung mit Gamma-Probes und Monte-Carlo Analyse.

Untersuchung der Stabilität bei unsymmetrischer Ausbreitung der Signale Die bisher vorgestellten Stabilitätsuntersuchungen mit Gamma-Probes sind auf alle mehrstufigen Verstärker anwendbar. Bei einem Verstärker, der Transistorstufen parallelisiert, ist prinzipiell auch eine eine Gegentaktausbreitung der parallelen Signale möglich, die zu Gegentaktoszillationen führen können.

Dadurch, dass bei der Stabilitätsanalyse mit Gamma-Probes, lokal ein Signal eingespeist wird um dort die Reflexionsparameter und so den Stabilitätsfaktor SF zu bestimmen, findet eine asymmetrische Anregung statt. Das bedeutet, dass auch bei Verstärkern mit parallelen Stufen die Stabilität mit Hilfe der Gamma-Probes untersucht werden kann.

Der Begriff Gegentakt setzt eigentlich zwei Signale voraus, welche die gleiche Amplitude und einen Phasenunterschied von 180 °aufweisen. In dieser Arbeit wird der Begriff Gegentakt auch dann verwendet, wenn sich Signale nicht im Gleichtakt ausbreiten. Auf einen Leistungsverstärker angewandt bedeutet dies, dass, wenn parallele Signale nicht identisch (symmetrisch) sind, dann wird dieser Betrieb auch als Gegentaktbetrieb bezeichnet.

In Abbildung 4.12 ist beispielhaft und schematisch ein Leistungsverstärker mit zwei parallelen Stufen dargestellt. Das Eingangssignal wird in zwei gleichphasige Signale gleichen Betrags aufgespalten. Die Reflexionsfaktoren Γ_{K1e} und Γ_{K2e} sind also identisch. Da in einer gewöhnlichen Simulation identische Modelle für jede Instanz eines Transistors genutzt werden, sind auch Γ_{S1e} und Γ_{S2e} identisch, welche die am Eingang der jeweiligen Transistorstufen auftretenden Reflexionsfaktoren angeben. Es kommt zu einer Gleichtaktausbreitung der Signale. In einer physikalisch realistischen prozessierten Schaltung unterscheiden sich herstellungsbedingt alle Transistoren voneinander und damit auch deren Reflexionsfaktoren. Es kommt zu einer unsymmetrischen Ausbreitung der Signale und die Stufen verfügen trotz identischer einfallender Wellen V^{+} über unterschiedliche reflektierte Wellen V^{-}.

Um das Stabilitätsverhalten eines Verstärkers auch unter diesen Umständen untersuchen zu können, wurde im Rahmen dieser Arbeit ein Verfahren entwickelt, die Untersuchung mit Gamma-Probes und Monte-Carlo Simulationen verbindet. Wie bei dem bereits bekannten Verfahren, werden an Ein- und Ausgang jeder parallelen und seriellen Transistorstufe Gamma-Probes platziert. Zusätzlich sind die in Kapitel 3 erstellten Transistormodelle mit der Information ausgestattet, in welchem Bereich sich die Transistor-Modellparameter herstellungsbedingt ändern. In dieser Arbeit wurden die Transistormodelle so gestaltet, dass sich während einer Monte-Carlo Simulation jeder Transistor unabhängig vom nächsten verändert. So wird geprüft, wie die entworfene Schaltung auf Prozessveränderungen reagiert. Zusätzlich dazu breiten sich die Signale nicht symmetrisch aus, wenn an Ein- oder Ausgang des Verstärkers ein Signal eingespeist wird. Es kann so, d.h. bei realistischen Bedingungen, auch für diesen Fall die Stabilität untersucht werden. Die Reflexionsfaktoren Γ_{S1e} und Γ_{S2e} und Γ_{S1a} und Γ_{S2a} sind nicht mehr identisch und damit auch nicht die Wellen V^+ und V^-. So gestaltete Stabilitätsuntersuchungen sind in der Lage auch Oszillationen aufzudecken, die durch herstellungsbedingte Unterschiede der einzelnen Transistoren auftreten. Wird zusätzlich, wie im vorherigen Abschnitt beschrieben, die Ein- und Ausgangsimpedanz der untersuchten Schaltung variiert, so kann die Stabilität der Schaltung umfassend untersucht und gewährleistet werden. Sollte die Stabilitätsanalyse zeigen, dass Gegentaktoszillationen auftreten, können diese durch Einbringen von Widerständen unterdrückt werden. Dies ist in Abschnitt 4.7 näher beschrieben.

In diesem Abschnitt wurde die Möglichkeit geschaffen, die Stabilität von Leistungsverstärkern zu untersuchen und so im kompletten Frequenzbereich Gleich- und Gegentaktoszillationen auszuschließen. Die Methode wird in Abschnitt 4.7 angewandt, um damit die Stabilität der entworfenen Leistungsverstärker zu untersuchen.

4.5. Verstärkerkonzepte für den mmW-Frequenzbereich

Dieser Abschnitt dient dazu, den Stand der Technik beim Entwurf von Leistungsverstärkern im hohen mmW-Frequenzbereich zu untersuchen und festzustellen, wie die in Abschnitt 1.2 zusammengefassten Leistungsverstärker mit den höchsten Ausgangsleistungen aufgebaut sind und deren Stärken und Schwächen zu analysieren. Da die Leistungsverstärker, welche die mHEMT Technologie des Fraunhofer IAF nutzen, bislang über deutlich weniger Ausgangsleistung als der Stand der Technik aufweisen, ist es notwendig die bisher verfolgten Ansätze zu überarbeiten und zu erweitern.

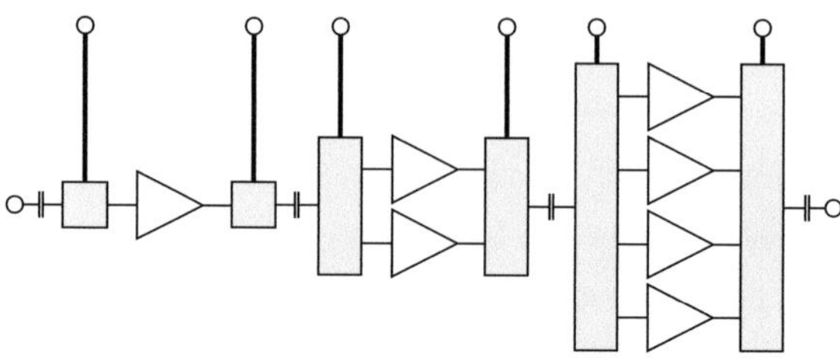

Abbildung 4.13.: Schematische Darstellung der bislang am Fraunhofer IAF verfolgten Verstärkerstruktur nach [KPM+09].

Der bislang am Fraunhofer IAF verfolgte Verstärkeransatz im untersuchten Frequenzbereich ist schematisch in Abbildung 4.13 dargestellt. Das eintreffende Signal wird von einer Einzelstufe verstärkt, dann auf zwei parallele Pfade aufgespalten und von zwei parallelen Stufen verstärkt. Nach der Verstärkung wird es zusammengefasst, dann auf vier parallele Pfade gespalten, verstärkt und erneut zusammengefasst. Jeder der grau hinterlegten Kästen übernimmt die Funktion der Impedanzanpassung, Spannungszuführung und gegebenenfalls Signalaufteilung. Durch diese Struktur ist jede Einzelstufe einfach zu simulieren und zu optimieren. Die Nachteile sind, dass durch die kombinierte Anpassung, Spannungszuführung und Signalteilung die resultierenden Verstärker über keine hohe Bandbreite verfügen. Außerdem wird dadurch, dass die Signale immer wieder zusammengeführt werden die Schaltung vergleichsweise groß. Vor allem reduzieren die Leitungsverluste die verfügbare Verstärkung und Ausgangsleistung.

Der Aufbau der beiden Verstärker, die im untersuchten Frequenzbereich über die größte Ausgangsleistung verfügen, ist in Abbildung 4.14 dargestellt. Das Eingangssignal wird direkt in vier parallele Pfade aufgespalten und von vier Transistorstufen verstärkt. Anschließend wird es zusammengefasst und erneut in vier parallele Pfade getrennt, verstärkt und zusammengefasst. Der

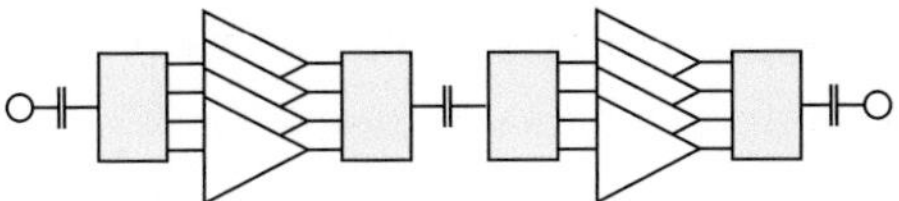

Abbildung 4.14.: Schematische Darstellung der im untersuchten Frequenzbereich leistungsfähigsten Verstärker.

Vorteil dieser Struktur ist, dass erneut jede Stufe getrennt simuliert und optimiert werden kann und dass die Struktur des Verstärkers sehr einfach ist. Die Nachteile sind, dass durch das Zusammenfassen der Signale nach jeder Transistorstufe die Schaltung relativ groß wird und die in den Kopplern auftretenden Leitungsverluste die verfügbare Verstärkung beschränken. Zusätzlich führt ein solcher Ansatz dazu, dass die Effizienz des Verstärkers relativ gering ist.

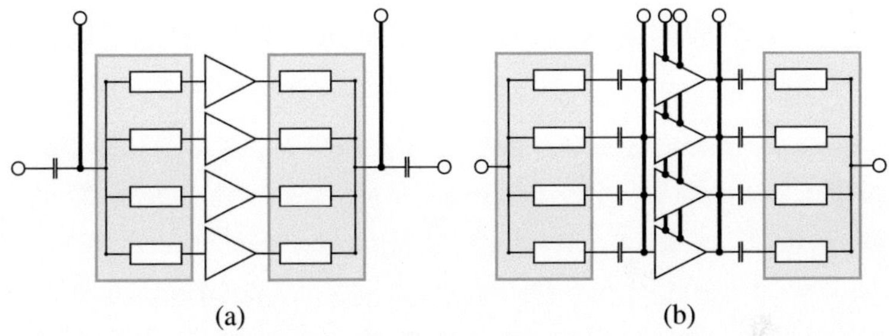

Abbildung 4.15.: Schematische Darstellung der leistungsfähigsten Verstärkerstufen im hohen mmW-Frequenzbereich. Ein- und Ausgang sind jeweils links und rechts und die Spannungsversorgung befindet sich oben. (a) nach [RLS$^+$11] und (b) nach [RRG$^+$12a].

In Abbildung 4.15 sind die einzelnen Verstärkerstufen detaillierter dargestellt, wobei der in Abbildung 4.15a skizzierte Verstärker InP HEMT und der in Abbildung 4.15b skizzierte Verstärker InP HBT nutzt. Bei beiden Verstärkern wird das Signal direkt über einen einzigen Leitungskoppler in vier Pfade getrennt. Damit alle Pfade angepasst sind ist eine Impedanztransformation notwendig, die im Falle von [RLS$^+$11] eine breitbandige nach

Tschebyscheff ist. Solche Konzepte finden auch bei niedrigeren Frequenzen Anwendung und führen dort zu besten Ergebnissen [CIL+98]. Eigene Untersuchungen haben gezeigt, dass beide Ansätze zu Phasenunterschieden der parallelen Signale führen. Im folgenden Abschnitt ist zu sehen, dass dies in einer deutlichen Verringerung der verfügbaren Ausgangsleistung resultiert.

Im ersten Fall findet die Spannungszuführung der Transistoren in CS Anordnung vor, bzw. nach den Kopplern über für Hochfrequenzsignale kurzgeschlossene Leitungen der Länge $\lambda/4$ statt. Im zweiten Fall werden die Spannungen der Transistoren in Kaskode Anordnungen über durchgängige Leitungen zugeführt, die jeden Transistor über $\lambda/4$ Leitungen und Kapazitäten kontaktiert. In beiden Fällen wird das Hochfrequenz- vom Gleichspannungssignal isoliert. Da der zweite Ansatz Dünnschicht-Mikrostreifen Leitungen nutzt, die mit der mHEMT Technologie nicht möglich sind, kann nur der erste Ansatz mit der mHEMT Technologie des Fraunhofer IAF umgesetzt werden.

Auf Basis der diskutierten Vor- und Nachteile der in diesem Abschnitt vorgestellten Verstärkerkonzepte und Koppler wird im Folgenden ein Koppler entwickelt, der in der genutzten Technologie realisiert werden kann und nicht über die beschriebenen Phasenfehler verfügt. Darauf aufbauend wird ein kompaktes Verstärkerkonzept entwickelt, das nicht nur kleine Schaltungsgrößen ermöglicht, sondern auch eine minimale Zahl von Kopplern und somit eine hohe Verstärkung. Der Entwurf, die Entwurfskriterien und die simulierten und gemessenen Eigenschaften der Koppler werden im folgenden Abschnitt vorgestellt. Im Anschluss daran wird in Abschnitt 4.7 ein auf den Frequenzbereich und die verwendete mHEMT Technologie optimiertes Verstärkerkonzept entwickelt und angewandt.

4.6. Entwurf eines geeigneten Leistungsteilers

Wie bereits beschrieben nutzen die meisten Leistungsverstärker Koppler um Transistorstufen parallel zu schalten, um so die maximale Ausgangsleistung zu steigern. Zur Parallelisierung gibt es verschiedene Konzepte, die sich durch ihre maximale Bandbreite, Größe, Verluste und Isolierung der parallelen Zweige unterscheiden. Aufgrund ihrer Bedeutung beim Entwurf von Leistungsverstärkern finden sie in der Forschung große Beachtung. Eine Übersicht über verschiedene planare und nicht planare Leistungsteiler und eine Diskussion deren Vor- und Nachteile bieten [Bah06, CS83, Gre07], wobei in [Gre07] die planare Realisierbarkeit der Koppler und in [Bah06] Koppler zur Impedanztransformation im Fokus stehen. Eine vergleichende Übersicht über verschiedene planare Leistungsteiler bietet [CLW06], wo der Fokus auf Größe, Isolierung und Bandbreite der Koppler liegt.

Zusammenfassend lässt sich feststellen, dass ein guter Koppler eine große Bandbreite, geringe Größe und Verluste, hohe Isolierung der parallelen Pfade, etc. bietet, worauf im Folgenden genauer eingegangen wird. Die Bandbreite der Koppler wird durch die genutzte Leitungstransformationen zur Anpassung der Ein- und Ausgänge beschränkt. Nutzt ein Koppler $\lambda/4$ Transformationen mit fester Leitungsimpedanz, dann ist er relativ schmalbandig, wohingegen Koppler, die gekoppelte Leitungen nutzen, viel breitbandiger sind. Im mmW-Frequenzbereich ist die Größe des Kopplers meist direkt proportional zu den Verlusten, welche mit der Leitungslänge zunehmen. Die Verluste sind hauptsächlich durch die Leitungsverluste gegeben, die mit der Länge der Transformation zusammen hängen, d.h. je länger die verwendete Leitung ist, desto größer sind auch die Verluste. Zusätzlich können Verluste durch Reflexionen am Ein- und Ausgang des Kopplers und durch Widerstände im Koppler auftreten. Eine gute Isolierung der Zweige ist notwendig, um Oszillationen zu vermeiden, die auftreten können, wenn sich parallele Signale unsymmetrisch ausbreiten. Außerdem ist sie notwendig, dass die

Stufen sich nicht gegenseitig negativ beeinflussen. Sie sollen beispielsweise auf die Anpassung der benachbarten Stufen keinen Einfluss haben. Dies ist besonders wichtig, wenn nicht alle Stufen vollkommen identisch sind, was, wie bereits diskutiert, herstellungsbedingt der Fall sein kann. Zusätzlich können auch während des Betriebs einzelne Stufen degradieren. Auch in diesem Fall ist eine Isolierung der parallelen Zweige notwendig.

Typische Koppler, die in MMIC eingesetzt werden, unterscheiden sich hauptsächlich in der Phasenbeziehung der Ausgangssignale zu einander. Die im hohen mmW-Frequenzbereich am meisten genutzten Koppler haben einen Phasenunterschied von 0° zwischen den beiden Ausgangssignalen und werden am häufigsten als Wilkinson Koppler realisiert. Dieser nutzt zwei $\lambda/4$ Leitungen zur Aufteilung der Signale und einen Widerstand zwischen den beiden Ausgängen zur Isolierung und Anpassung. Er ist durch die $\lambda/4$ Transformation relativ schmalbandig, aber parallele Pfade sind durch die Widerstände isoliert und angepasst. Da ein idealer Wilkinson Koppler einen gemeinsamen Sternpunkt der Widerstände voraussetzt, können planar nur Wilkinson Koppler realisiert werden, die ein Signal auf zwei parallele Signale aufteilen [Wil60]. Wie in [RLS+11, CIL+98] beschrieben, lässt sich ein Wilkinson-ähnlicher Koppler realisieren, wenn statt der $\lambda/4$-Transformation Leitungen mit Impedanzübergang, in Form von Tschebyscheff oder Klopfenstein-Übergängen, genutzt werden. Ein Wilkinson Koppler erlaubt eine einfache Kaskadierung mehrerer Stufen, wodurch relativ kompakt viele Stufen parallel realisiert werden können. Nachteilig dabei ist, dass sich so die Leitungsverluste der einzelnen Koppler summieren.

Wie im vorherigen Abschnitt zu sehen war, ist eine Lösung dieses Problems, das Eingangssignal direkt in vier parallele Pfade zu spalten. Mit diesen Kopplern sind daher die im mmW-Frequenzbereich größten Ausgangsleistungspegel veröffentlicht worden [RLS+11, RRG+12a, CIL+98].

Im Folgenden wird daher ein auf die verwendete mHEMT Technologie angepasster und optimierter Koppler entworfen, der ein einkommendes Signal direkt und gleichphasig auf vier parallele Pfade aufteilt. Es werden zuerst die dem Entwurf zugrunde liegenden Kriterien vorgestellt, darauf aufbauend werden Koppler realisiert und deren Eigenschaften präsentiert und diskutiert. Die Koppler werden für verschiedene Frequenzen im hohen mmW-Frequenzbereich entwickelt, was die Flexibilität des Ansatzes verdeutlicht. Im Anschluss daran werden die vorgestellten Koppler in Abschnitt 4.7 genutzt, um damit Leistungsverstärker MMIC zu entwerfen.

4.6.1. Entwurfskriterien

Wie bereits beschrieben verfügen planare Koppler, die ein einkommendes Signal gleichphasig auf vier Ausgänge aufteilen, im hohen mmW-Frequenzbereich über die besten Eigenschaften. Der prinzipielle Aufbau aller zitierten Koppler, die ein Eingangssignal auf vier parallele Ausgangssignale aufteilen ist in Abbildung 4.16 gegeben. Das Signal kommt an ① an und wird über die vier abgehenden Leitungen den Ausgängen ② bis ⑤ zugeführt. Zur Isolierung und Anpassung sind, ähnlich dem Wilkinson Koppler, Widerstände zwischen den Ausgängen angebracht.

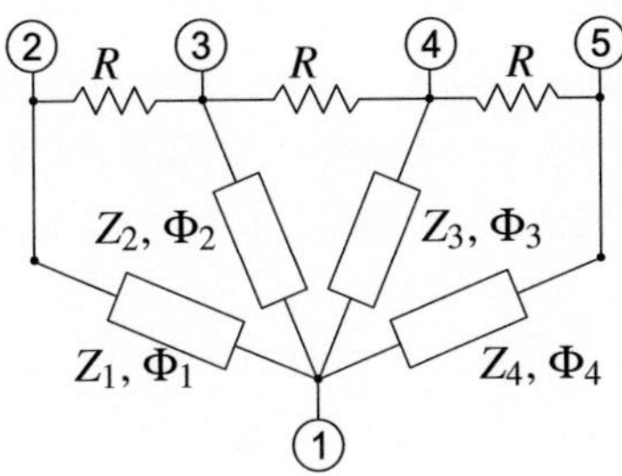

Abbildung 4.16.: Ersatzschaltbild eines planaren Kopplers mit einem Eingang und vier Ausgängen.

Das Verhalten des Kopplers lässt sich mit der in Gleichung 4.7 beschriebenen Admittanz-Matrix beschreiben. Zur Herleitung der Matrix sind die aus Abschnitt 2.1 und in [Poz12] aufgeführten grundlegenden Gleichungen zur Beschreibung von Leitungen und Leitungstransformationen ausreichend. Diese Form der Darstellung, bzw. Herleitung, unterscheidet sich grundlegend von der meist angewandten Gleich- und Gegentaktanalyse von Strukturen. Sie wurde z.B. in [MTYW12] beschrieben. Eine Interpretation der gezeigten Admittanzmatrix ist nicht intuitiv, es kann allerdings festgestellt werden, dass eine Symmetrie vorliegt. Die Admittanzdarstellung des Kopplers stellt deshalb nur einen Zwischenschritt dar, der genutzt wird um damit die S-Parameter der Struktur zu bestimmen.

$$[Y] = \begin{bmatrix} -j\frac{4\cos\Phi}{Z_L\sin\Phi} & j\frac{1}{Z_L\sin\Phi} & j\frac{1}{Z_L\sin\Phi} & j\frac{1}{Z_L\sin\Phi} & j\frac{1}{Z_L\sin\Phi} \\ j\frac{1}{Z_L\sin\Phi} & \frac{1}{R}-j\frac{4\cos\Phi}{Z_L\sin\Phi} & -\frac{1}{R} & 0 & 0 \\ j\frac{1}{Z_L\sin\Phi} & -\frac{1}{R} & \frac{2}{R}-j\frac{\cos\Phi}{Z_L\sin\Phi} & -\frac{1}{R} & 0 \\ j\frac{1}{Z_L\sin\Phi} & 0 & -\frac{1}{R} & \frac{2}{R}-j\frac{\cos\Phi}{Z_L\sin\Phi} & -\frac{1}{R} \\ j\frac{1}{Z_L\sin\Phi} & 0 & 0 & -\frac{1}{R} & \frac{1}{R}-j\frac{\cos\Phi}{Z_L\sin\Phi} \end{bmatrix} \tag{4.7}$$

Für eine übersichtliche und verständliche Darstellung der S-Parameter Matrix müssen verschiedene Annahmen getroffen werden. Wird angenommen, dass Φ_1 bis $\Phi_4 = \lambda/4$ ist und Z_1 bis $Z_4 = 2 \cdot Z_0$ ist und $R = 2 \cdot Z_0$ ist, ergibt sich aus der gezeigten Admittanzmatrix die in Gleichung 4.8 gegebene S-Parameter Matrix.

$$[S] = \begin{bmatrix} 0 & -j\frac{1}{2} & -j\frac{1}{2} & -j\frac{1}{2} & -j\frac{1}{2} \\ -j\frac{1}{2} & \frac{3}{14} & \frac{1}{7} & -\frac{1}{7} & -\frac{3}{14} \\ -j\frac{1}{2} & \frac{1}{7} & -\frac{1}{14} & \frac{1}{14} & -\frac{1}{7} \\ -j\frac{1}{2} & -\frac{1}{7} & \frac{1}{14} & -\frac{1}{14} & -\frac{1}{7} \\ -j\frac{1}{2} & -\frac{3}{14} & -\frac{1}{7} & \frac{1}{7} & \frac{3}{14} \end{bmatrix} \tag{4.8}$$

Die Leitungen sind alle $\lambda/4$ lang und ihre Impedanz ist so gewählt, dass die Systemimpedanz Z_0 am Ausgang auf $4 \cdot Z_0$ am Eingang zu transformieren, sodass die Parallelschaltung aller Leitungen zur Leistungsanpassung am Eingang führt. Die Widerstandswerte sind so gewählt, dass die Ausgänge des Kopplers ausreichend isoliert und angepasst sind.

Es ist leicht zu erkennen, dass beim idealen Koppler der Eingang perfekt angepasst ist. Alle S-Parameter, welche die Ausgangsanpassung beschreiben, weisen allerdings Werte von ungleich Null auf. Außerdem sind im Gegensatz zum idealen N-fach Wilkinson Koppler, nicht alle Ausgänge voneinander isoliert. Das liegt daran, dass die Widerstände nicht jeden Ausgang voneinander über einen gemeinsamen Sternpunkt verbinden. Ein solcher Sternpunkt kann planar nicht realisiert werden, sodass hier Abstriche in Bezug auf Anpassung und Isolierung hingenommen werden müssen. Der ideale Koppler ist an allen Ein- und Ausgängen mit besser als 13 dB angepasst, sodass sich der Koppler zum Entwurf von Leistungsverstärkern eignet. Auch die benötigte Isolierung der Zweige ist mit 13 bis 16 dB ausreichend. Die Matrix zeigt auch, dass ein ankommendes Signal gleichphasig und mit gleicher Amplitude auf die vier Ausgänge aufgeteilt wird. Der Koppler ist also an allen Toren ausreichend angepasst und die parallelen Pfade sind voneinander isoliert. Außerdem wird das aufzuspaltende Signal perfekt den Ausgängen zugeführt.

In der praktischen Umsetzung ist besonders die gleichphasige Aufteilung meist ein Problem, da die physikalisch außen liegenden Pfade eine längere

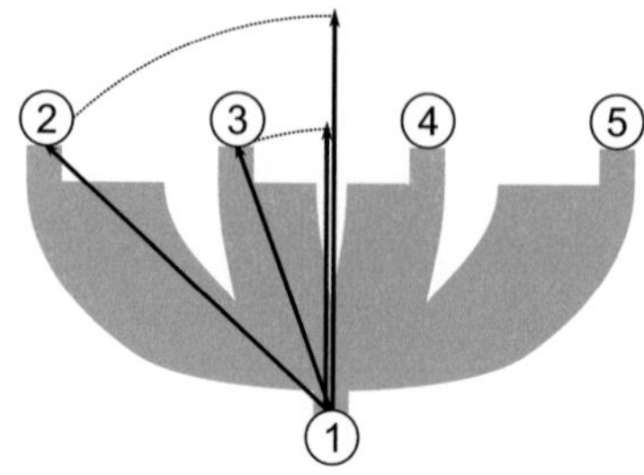

Abbildung 4.17.: Schematische Darstellung eines Kopplers-auf-Vier wobei die direkten Signalpfade als Vektoren dargestellt sind. Es ist zu erkennen, dass die äußeren Vektoren (und somit die Signallaufzeiten) länger sind.

Signallaufzeit aufweisen und somit ein Phasenunterschied zwischen den Pfaden besteht. Dies ist anschaulich in Abbildung 4.17 dargestellt, die einen Koppler auf vier Ausgangssignale präsentiert. In dieser Grafik sind die direkten Pfade vom Eingang zu zwei Ausgängen mit Vektoren dargestellt. Es ist deutlich zu erkennen, dass die äußeren Vektoren (und somit die Signallaufzeiten) länger sind. Dieser Effekt kann durch die Verkopplung der benachbarten Leitungen abgeschwächt werden. Auch in diesem Fall kann er beobachtet werden und führt so zu Phasenunterschieden der Ausgangssignale.

Wie in den Abbildungen 4.18a-b zu sehen ist, beeinflussen ungleiche Ausgangssignale entscheidend die Leistungsfähigkeit der Koppler. In diesen Grafiken wird untersucht, wie sich Unterschiede der Leitungsimpedanzen Z und -phasen Φ auf die Leistungsfähigkeit des Kopplers auswirken. Solche Untersuchungen sind für Phasenfehler in Abhängigkeit der Phasengleichheit der Signale in [NH69] und allgemeiner in [Gup92] durchgeführt worden. Die dort gezeigten Untersuchungen sind allerdings so allgemein gehalten, dass deren Relevanz nicht immer deutlich wird. Außerdem zeigen beide nicht wie sich die Koppler bei Impedanzfehlern verhalten. Zur Beschreibung

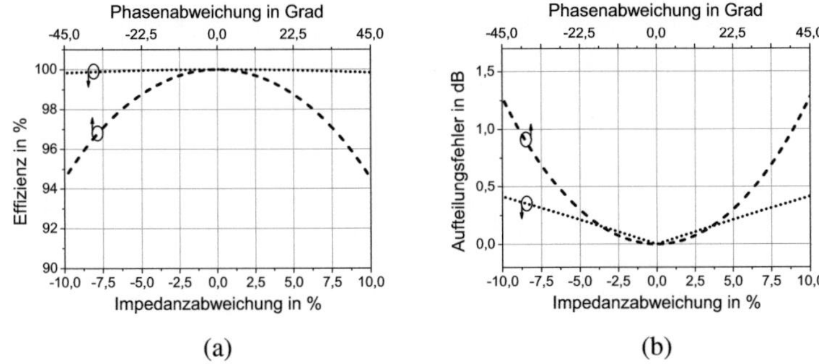

(a) (b)

Abbildung 4.18.: (a) Simulierte Effizienz des Kopplers bei Phasen- und Betragsfehlern. (b) Simulierte Fehlaufteilung der Kopplerausgänge bei Phasen- und Betragsfehlern.

der Leistungsfähigkeit der Koppler wird dort die Effizienz in % angegeben, die wie folgt definiert ist:

$$\eta_K = |\sum_{n=2}^{5} S_{n,1}| \cdot 100\,\% \tag{4.9}$$

Dabei geben $S_{n,1}$ die S-Parameter der Transmission durch den Koppler zu den Ausgängen an. Es wird also bewertet, wie viel der Eingangsleistung an den Ausgängen des Kopplers zur Verfügung steht und nicht am Eingang reflektiert oder in den Widerständen versumpft wird. Es wird auch nicht nur die absolut an den Ausgängen zur Verfügung stehende Leistung bewertet, sondern auch deren Gleichphasigkeit.

Den Untersuchungen liegt das in Abbildung 4.16 gezeigte Ersatzschaltbild des Kopplers zugrunde wobei angenommen wird, dass

$$Z_1 = Z_4 = Z_L + \Delta Z \cdot Z_L \text{ und } Z_2 = Z_3 = Z_L \text{ mit } Z_L = 2 \cdot Z_0 \tag{4.10}$$

und

$$\Phi_1 = \Phi_4 = \Phi_L + \Delta\Phi \cdot \Phi_L \text{ und } \Phi_2 = \Phi_3 = \Phi_L \text{ mit } \Phi_L = 90^\circ \tag{4.11}$$

ist. Wenn keine Impedanzfehler ΔZ und Phasenfehler $\Delta\Phi$ auftreten, kann der Koppler mit der in Gleichung 4.8 gegebenen S-Parameter Matrix beschrieben werden. Sobald ΔZ und $\Delta\Phi$ ungleich Null sind, wird der Koppler nicht durch die S-Parameter Matrix beschrieben, sondern nur noch durch die Admittanzmatrix aus Gleichung 4.7.

In Abbildung 4.18a kann beobachtet werden, dass Impedanzfehler auf die Effizienz nur einen geringen Einfluss haben, diese aber sehr stark von Phasenfehlern beeinflusst wird. Beim Entwurf von Kopplern ist eine gleichphasige Aufteilung der Signale also von größter Bedeutung. Dies wird mit Abbildung 4.18b noch deutlicher, wo die Betragsdifferenz der äußeren Signale im Vergleich zu den inneren Signalen betrachtet wird:

$$\begin{aligned} \text{Aufteilungsfehler} &= \left| |S_{2,1}| - |S_{3,1}| \right| \\ &= \left| |S_{4,1}| - |S_{5,1}| \right| \end{aligned} \tag{4.12}$$

Hier ist zu beobachten, dass Impedanz- und Phasenfehler dazu führen, dass die Signale ungleich aufgeteilt werden. Werden nun an die Ausgänge der Koppler Transistorstufen angeschlossen, dann führt das dazu, dass diese nicht gleichmäßig ausgesteuert werden und das Kompressionsverhalten ungleich ist. Zur Steigerung der Ausgangsleistung ist daher besonders eine gleichphasige Aufteilung der Signale von größter Bedeutung. Ein Konzept wie diese Aufteilung erfolgen kann wird im folgenden Abschnitt vorgestellt.

4.6.2. Realisierung und Charakterisierung

In diesem Abschnitt der Arbeit wird auf Basis der im vorigen Abschnitt beschriebenen Kriterien ein Koppler entworfen, der ein einkommendes Signal gleichphasig und mit gleichem Betrag in vier parallele Ausgangssignale aufteilt. Er ist prinzipiell in koplanarer Umgebung und nutzt die sich dadurch ergebenden Vorteile aus, wie beispielsweise hohe Isolierung zwischen benachbarten Leitungen. Zusätzlich ist eine verlust- und störungsarme Anbindung der Transistoren möglich. Wie mit Abbildung 4.17 gezeigt wurde, kann der in Abbildung 4.16 gezeigte ideale Koppler nicht ohne weiteres in einen physikalisch realisierbaren Leistungsteiler umgesetzt werden. Das liegt daran, dass die Zuleitungen der äußeren Ausgänge immer länger sind als die der Inneren.

Dieses Problem kann durch eine geschickte Verknüpfung der im Rahmen dieser Arbeit modellierten koplanaren Leitungen und AirMS Leitungen gelöst werden. In den Abbildungen 2.6a-b wurde gezeigt, dass die CPWG14u und die AirMS Leistung sehr ähnliche Eigenschaften besitzen, sie sich aber deutlich in ihrem Verkürzungsfaktor VKF unterscheiden, der in Gleichung 2.7 definiert wurde.

In Abbildung 2.13b ist zu sehen, dass die effektive Permittivität der CPWG14u Leitungen etwa 5,5 beträgt. Für AirMS Leitungen beträgt sie, dadurch dass Luft als Substrat genutzt wird, etwa 1. Daraus ergeben sich die VKF für die koplanare und Luftbrückenleitung zu $VKF_{\mathrm{CPWG14u}} = 0,42$ und $VKF_{\mathrm{AirMS}} = 1$. Durch die unterschiedlichen VKF wirken zwei physikalisch gleich lange Leitungen nicht gleich lang, sondern die CPWG14u ca. zwei mal länger als die AirMS Leitung. Dieser Umstand wird so genutzt, dass die inneren Leitungen des Leistungsteilers mit koplanaren Leitungen realisiert werden. Dadurch ist der Leistungsteiler kompakt und erlaubt so auch sehr kompakte Leistungsverstärker. Die äußeren Leitungen sind teilweise mit AirMS Leitungen ausgeführt. Die Länge der Leitungen ist dabei so gewählt, dass die Phasen der an den inneren und äußeren Toren antreffenden Leitungen gleich sind. Die Impedanzen der inneren und äußeren Leitungen sind gleich, sodass auch die Beträge der Ausgangssignale gleich sind.

Bislang wurde angenommen, das der Koppler am Eingang und Ausgang die gleiche Systemimpedanz von 50 Ω aufweist. Dies führt dazu, dass eine Leitungstransformation mit einer $\lambda/4$ Leitung von 50 auf $4 \cdot 50\,\Omega$ nötig ist, was Leitungsimpedanzen von 100 Ω voraus setzt. Wie in Abbildung 2.6a zu sehen ist, kann diese Impedanz nicht mit der genutzten mHEMT Technologie realisiert werden. Aus diesem Grund wurde die Eingangsimpedanz der in der Arbeit entworfenen Koppler auf 50 und die Ausgangsimpedanz auf 20 Ω gesetzt. Zur Leitungstransformation muss die $\lambda/4$ Leitung somit eine Impedanz von ca. 63 Ω aufweisen, was mit beiden Leitungstypen möglich ist. Die Ausgangsimpedanz von 20 Ohm wurde aus verschiedenen Gründen gewählt: Zum einen sollte die Impedanz so groß wie möglich sein, da so der Transformationsweg der $\lambda/4$ Transformation am kleinsten ist und somit die Bandbreite am größten. Andererseits vereinfachen niedrige Impedanzen die Anpassung der Transistorstufen, die dem Koppler folgen bzw. voraus gehen. Außerdem sind bei $Z_L = 63\,\Omega$ die Leiterbreiten der verwendeten CPWG14u und AirMS mit dieser Leitungsimpedanz etwa gleich breit, was eine einfache Signalführung erlaubt.

Durch eine geeignete Verknüpfung von Leitungen unterschiedlicher VKF konnte also ein Koppler entworfen werden, der ein Eingangssignal theoretisch gleichphasig auf vier Ausgänge aufteilen kann. Dieses Koppler-Konzept wurde im Rahmen dieser Arbeit auf verschiedene Frequenzbereiche angewandt. Im Folgenden werden die Eigenschaften eines Kopplers für 250 GHz beispielhaft betrachtet.

Teiler für Leistungsverstärker bei 250 GHz Nachdem die Notwendigkeit einer gleichphasigen Aufteilung eines Signals auf parallele Ausgänge diskutiert wurde und ein Konzept zur Lösung dieser Anforderung vorgeschlagen wurde, wird im Folgenden die physikalische Umsetzung eines solchen Koppler und dessen Simulations- und Messergebnissen präsentiert. Es wird der Koppler vorgestellt, der auch im folgenden Abschnitt zum Entwurf eines Leistungsverstärkers eingesetzt wurde. Der Koppler ist daher auf eine Mittenfrequenz von ca. 250 GHz optimiert worden.

Ein Foto des entworfenen Kopplers ist in Abbildung 4.19a zu sehen. Das Signal kommt an Tor 1 an und wird zu den Ausgängen zwei bis fünf geleitet. Es ist zu erkennen, dass die inneren Pfade nur koplanare Leitungen verwenden, die an Diskontinuitäten Luftbrücken zur Unterdrückung von parasitären Moden nutzen. Bei den äußeren Pfaden sind die Ecken in Luftbrückentechnik ausgeführt, um so eine gleichphasige Ausbreitung der Signale zu erreichen. Die Ausgänge des Kopplers sind in koplanarer Leitungstechnologie, was eine einfache Anbindung der Transistorstufen und der Widerstände zur Anpassung und Isolierung ermöglicht.

Die Simulationsergebnisse der Struktur sind in Abbildungen 4.19b-c zu sehen. Es ist zu erkennen, dass die Struktur im Frequenzband von 200 bis 325 GHz einen maximalen Phasenfehler von 2° aufweist. Auch der Betragsfehler ist mit weniger als 1 dB sehr klein. Um die Mittenfrequenz von 250 GHz entsteht, durch die Verwendung von CPWG14u und AirMS, kein Phasenfehler und auch der Betragsfehler ist mit kleiner als 0,5 dB sehr gering. Ein verlustfreier Koppler hätte bei der Mittenfrequenz identische Transmissionsparameter mit einem Wert von -6 dB. Der präsentierte Koppler weicht mit Werten von ca. 7,3 dB nur gering davon ab, was auf Leitungs-

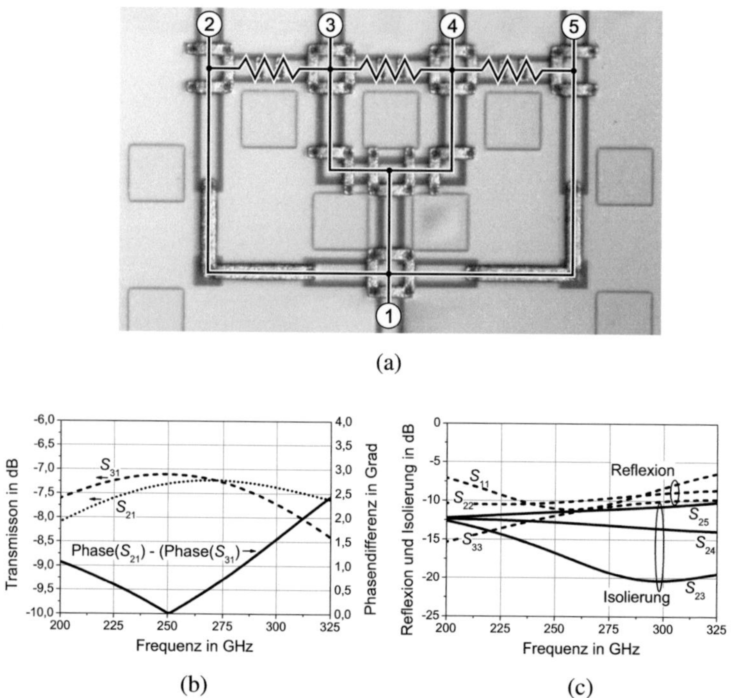

Abbildung 4.19.: (a) Foto der untersuchten Teststruktur. Der gezeigte Ausschnitt hat eine Größe von $260 \times 160\,\mu m^2$. (b) Transmissionseigenschaften in Betrag und Phase der Struktur und (c) Anpassung und Isolierung der Ein- und Ausgänge.

verluste zurück zu führen ist. Es ist weiter zu erkennen, dass die Anpassung und Isolierung der Ein- und Ausgänge mit besser als 10 dB sehr gut ist und sich stark an die mit Gleichung 4.8 bestimmten Grenzen hält.

In den Abbildungen 4.20b-c sind die Simulations- und Messergebnisse der in Abbildung 4.20a gezeigten Teststruktur zu sehen. Die Teststruktur nutzt zweimal den identischen Koppler, wie er in den Abbildungen 4.19a-c vorgestellt wurde. Damit die Teststruktur einfach zu messen ist, ist die Teststruktur so ausgeführt, dass Ein- und Ausgang der Struktur jeweils die Eingänge

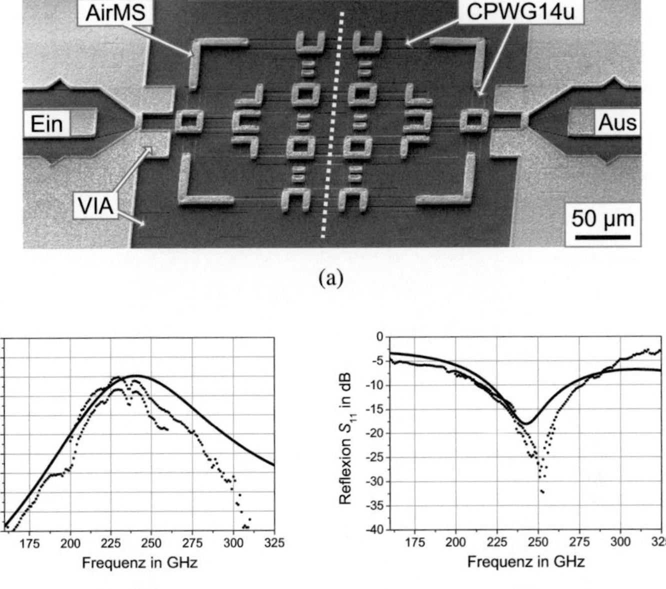

Abbildung 4.20.: (a) Rasterelektronenmikroskop-Bild der untersuchten Teststruktur und Simulations- und Messergebnisse (Symbole) der (b) Transmissions- und (c) Reflexionsparameter. Die Messergebnisse sind in zwei Frequenzbändern gegeben. Die Struktur hat eine Größe von $750\times500\,\mu m^2$.

des Kopplers sind und die Ausgänge der beiden Koppler über kurze Leitungsstücke verbunden sind. Mit einer so gestaltete Teststruktur kann daher einfach das prinzipielle Verhalten der Schaltung überprüft werden. Die Symmetrieebene der Struktur ist durch die gestrichelte Linie angedeutet. In der Rasterelektronenmikroskop-Aufnahme sind auch deutlich die unterschiedlichen Leitungsarten zu erkennen. Genauso sind die Substrat-Durchkontaktierungen (VIA) zu sehen, die platziert wurden um die Ausbreitung von parasitären Substratmoden zu unterdrücken.

In der Simulation hat die Teststruktur ihr Maximum bei einer Frequenz von 240 GHz. Sie hat dort eine Dämpfung von 3 dB, was beides in Übereinstimmung mit den in Abbildungen 4.19a-c präsentierten Ergebnissen ist. In der Simulation kann auch eine relativ große Bandbreite der Struktur beobachtet werden. Im Frequenzbereich von 175 bis mindestens 325 GHz ist die Transmission maximal um 3 dB im Vergleich zum Maximalwert abgefallen. Die absolute und relative Bandbreite beträgt somit mehr als 150 GHz bzw. 50 %. Die obere Grenze ist mit 325 GHz angenommen worden, obwohl sie aufgrund des flachen Verlaufs der Kurve erst bei 390 GHz auftritt. Da dieser flache Verlauf in der Messung nicht beobachtet werden kann, wird die obere Grenze nur abgeschätzt. Die hohe Bandbreite kann auch bei der Anpassung beobachtet werden, die ihr Minimum bei 245 GHz hat und von 220 bis 270 GHz besser als 10 dB ist, was zu einer absoluten und relativen Bandbreite von 50 GHz und 20 % führt.

Zur messtechnischen Bestimmung des Schaltungsverhaltens wurden von der Struktur in zwei Frequenzbändern S-Parameter aufgenommen. Das erste Band ging dabei von 160 bis 260 GHz und das zweite von 200 bis 325 GHz. Es kann daher eine Überschneidung der Messergebnisse beobachtet werden. In der Messung hat die Struktur ihr Maximum bei 235 GHz mit einem Wert von -3 bis -3,5 dB und eine 3-dB-Bandbreite von ca. 180 bis 292 GHz, was äquivalent zu einer absoluten und relativen Bandbreite von 112 GHz und ca. 45 % ist. Wie in der Simulation kann die hohe Bandbreite auch in der Anpassung beobachtet werden, die ihr Minimum bei 250 GHz hat und von 215 bis 278 GHz besser als 10 dB ist. Die absolute und relative Bandbreite beträgt somit 63 GHz bzw. 25 %.

Vergleicht man Messung und Simulation so kann man feststellen, dass die Mittenfrequenz durch die Simulation sehr gut vorhergesagt wird. Dies belegt die Genauigkeit der im Rahmen dieser Arbeit entworfenen Leitungsmodelle.

Zusammenfassend kann festgestellt werden, dass die Messungen die Leistungsfähigkeit des entworfenen Kopplers belegen. Er ist damit zum Entwurf von Leistungsverstärkern geeignet, der im folgenden Kapitel verfolgt wird.

4.7. Entwurf eines geeigneten Leistungsverstärkerkonzepts

Die maximale Ausgangsleistung jedes Leistungsverstärkers wird maßgeblich durch die Transistortechnologie, die zum Entwurf der Verstärker genutzt wird, beschränkt. Zusätzlich kann durch geeignete Leistungsteiler die verfügbare Ausgangsleistung weiter gesteigert werden. Aus diesem Grund wurde im Rahmen dieser Arbeit ein Koppler erarbeitet und realisiert, der maßgeschneidert für Anwendungen im hohen mmW-Frequenzbereich und die verwendetet mHEMT Technologie des Fraunhofer IAF ist.

Ein erfolgreiches und leistungsfähiges Leistungsverstärkerkonzept benötigt aber mehr als einen guten Leistungskoppler, dass damit höchste Ausgangsleistungen erzielt werden können. Die Entwurfskriterien, die zu dem in dieser Arbeit entwickelten Konzept geführt haben, sind im Folgenden vorgestellt.

4.7.1. Entwurfskriterien

Ein Leistungsverstärker muss im wesentlichen folgendes leisten: Er muss so aufgebaut sein, dass mit ihm hohe Ausgangsleistungen bzw. Linearitäten erzielt werden können. Darüber hinaus muss er aber auch effizient und kompakt sein, da die Größe direkt proportional zu den Herstellungskosten ist und die Effizienz die Betriebskosten bestimmt.

Um diese Anforderungen zu erfüllen ist eine geeignete Verstärkerarchitektur notwendig. In Abschnitt 4.5 wurden bereits typische Konzepte zur Leistungsverstärkung im hohen mmW-Frequenzbereich vorgestellt, verglichen und diskutiert. Es hat sich gezeigt, dass sie sich beispielsweise grundlegend darin unterscheiden, wie die benötigten Versorgungsspannungen den einzelnen Transistoren zugeführt werden. In [RDL+10] wird das Problem der Spannungsversorgung so gelöst, dass nach jeder Transistorstufe die Signale zusammengeführt werden und an dieser Stelle dann die Spannungsversorgung stattfindet. Wie bereits diskutiert, ist das Konzept so nicht effizient, besonders nicht im Vergleich zu [DPG+12]. Dort wird zum einen auf eine Zusammenführung der Hochfrequenzsignale verzichtet. Zum anderen werden nicht direkt vier parallele Transistoren genutzt. Statt dessen verwendet jede Verstärkerstufe die minimale Anzahl von Transistoren, die benötigt werden, um das Signal effizient und mit einer hohen Verstärkung und Ausgangsleistung zu verstärken.

Das Problem der Effizienz wurde ausführlich in [Yor01] untersucht, wo verschiedene Verstärkerkonzepte, in Abhängigkeit der Verstärkung der einzelnen Stufen und der Kopplerverluste betrachtet wurden. Dort wurde gezeigt, dass es für eine hohe Effizienz des gesamten Verstärkers besonders wichtig ist, dass die einzelnen Transistorstufen eine hohe Verstärkung aufweisen, da ansonsten die Verluste der Koppler die Effizienz der Verstärker bestimmen. Das heißt, dass potenziell die in Abbildung 4.13 oder die in [DPG+12] genutzte Verstärkerstruktur im Vorteil ist, solange die Verstärkung der einzelnen Transistorstufen sehr hoch ist. In [Yor01] wird auch gezeigt, dass Verstärkerkonzepte, wie sie in Abbildung 4.14 zu sehen sind, hohe Effizienzen aufweisen können, die sich bei hoher Verstärkung der einzelnen Verstärkerstufen an die Effizienz der einzelnen Stufen annähert. In [RDL+10] wird die Verstärkung der einzelnen Stufen allerdings durch die zur Spannungszuführung benötigte Rekombinierung des Hochfrequenzsignals reduziert, was die Effizienz beschränkt.

Aus diesem Grund wurde im Rahmen dieser Arbeit ein Verstärkerkonzept erarbeitet, das die in Abbildung 4.21 gezeigte Struktur aufweist. Für hohe Ausgangsleistungen finden die im vorherigen Abschnitt entworfenen Kopp-

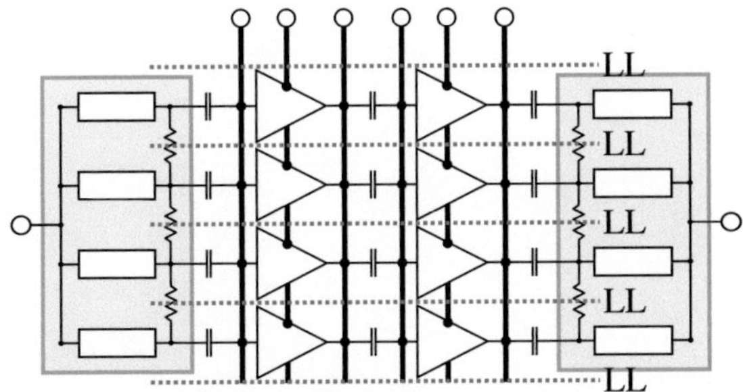

Abbildung 4.21.: Schematische Darstellung des Verstärkerkonzepts, das in dieser Arbeit entwickelt wurde.

ler Anwendung, die ein Eingangssignal gleichphasig auf vier parallele Ausgangssignale aufteilen. Für eine hohe Effizienz wird, im Gegensatz zum in Abbildung 4.14 gezeigten Konzept, nur ein Koppler am Eingang und einer am Ausgang genutzt. Zwischen diesen Kopplern werden dann mehrere Verstärkerstufen, wie in diesem Beispiel zwei, kaskadiert. Das führt zu Schwierigkeiten bei der Zuführung der Spannungsversorgung, da sie nicht wie in Abbildung 4.15b gezeigt über einen durchgängigen Spannungsbus zugeführt werden kann, weil diese Lösung mehrere Dünnschicht-Mikrostreifen-Leitungsebenen benötigt, die mit der genutzten mHEMT Technologie nicht möglich sind.

Dieses Problem wurde gelöst indem die Gleichphasigkeit der Hochfrequenzsignale ausgenutzt wurde, die, wie in Abbildung 4.21 durch die gestrichelten Linien angedeutet, zu Leerläufen (LL) zwischen den parallelen Stufen führt. Werden nun alle parallelen Stufen durch Leitungen verbunden, so kann über diese die Versorgungsspannungen zugeführt werden. Zusätzlich können diese Leitungen zur Leistungsanpassung der Transistoren an die Impedanz der Koppler genutzt werden. Insgesamt sind in dieser Grafik pro Stufe drei Spannungen eingezeichnet: Die Spannungen für das Gate V_G des Transistors in Common-Source Anordnung sowie für das Gate V_C und das Drain V_D des Transistors in Common-Gate Anordnung.

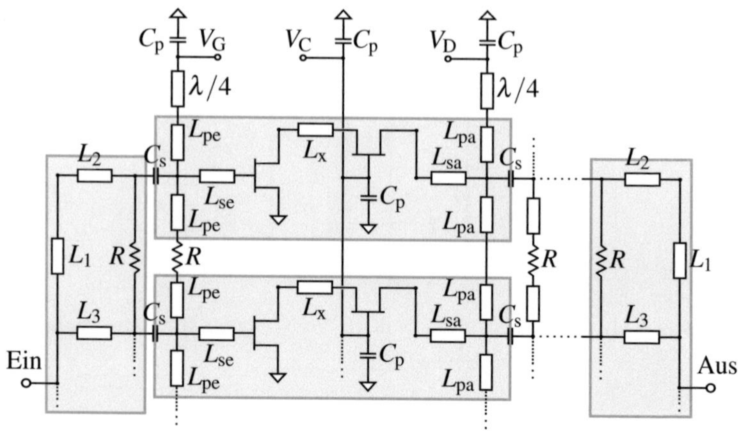

Abbildung 4.22.: Prinzipielles Ersatzschaltbild aller in dieser Arbeit entwickelten Leistungsverstärker.

In Abbildung 4.22 ist eine detailliertere Darstellung eines Verstärkerausschnitts gegeben. In dieser Grafik ist die obere Hälfte eines zweistufigen Verstärkers mit vier parallelen Stufen zu sehen. Die Koppler an Ein- und Ausgang sind genauso wie die beiden Verstärkerstufen durch die grau hinterlegten Boxen zusammengefasst. Das Signal wird im Koppler über die Leitungen L_1 bis L_3 gleichphasig aufgeteilt und seriellen Kapazitäten C_s zugeführt. Alle Kapazitäten C_s sind im Vergleich zur Frequenz so groß ausgeführt, dass das Signal durch sie nicht transformiert wird und sie nur zur Gleichspannungsentkopplung dienen. Nach den Kapazitäten wird das Signal über die seriellen Leitungen L_{se} und parallelen Leitungen L_{pe} am Eingang der Transistorstufe angepasst. Die parallelen Leitungen L_{pe} der einzelnen Stufen sind durch Widerstände R zur Gegentaktunterdrückung verbunden. Durch den virtuellen Leerlauf in der Mitte von zwei parallelen Stufen, haben die Widerstände im Gleichtaktbetrieb keinen Einfluss und die L_{pe} wirken wie leerlaufende Leitungen. Die Transistoren in CS und CG Anordnung sind durch kurze Leitungsstücke verbunden. Der Ausgang der Kaskode wird wieder über serielle L_{sa} und parallele Leitungen L_{pa} angepasst und anschließend den Koppelkapazitäten C_s zugeführt. Die parallelen Leitungen L_{pa} sind im Gegensatz zum Eingang nicht über Widerstände verbunden, sondern direkt kurzgeschlossen. Dies ist nötig und sinnvoll, da sonst über den Widerständen der komplette Strom des Ausgangssignals abfallen würde, was zu großen Gleichspannungsverlusten führt.

Zur Zuführung der Spannungen V_G und V_D wird der durch die großen Kapazitäten C_p erzeugte Kurzschluss des Hochfrequenzsignals, mit Hilfe von $\lambda/4$ Leitungen, in einen Leerlauf transformiert. Somit sind im Gleichtaktbetrieb alle Leitungen L_{pe} und L_{pa} leerlaufend und die Anpassung erfolgt ausschließlich über sie und die Leitungen L_{se} und L_{sa}. Durch die Ausnutzung des virtuellen Leerlaufs im Gleichtaktbetrieb wurde also eine Möglichkeit geschaffen, wie die Gleichspannungen komfortabel zugeführt werden können. Gleichzeitig dienen diese Leitungen aber nicht nur zur Spannungszuführung, sondern auch zur Anpassung, wodurch die Schaltung sehr kompakt wird. Dies ist nicht nur aus Kostengründen erstrebenswert, sondern auch weil zusätzliche Leitungen immer Leitungsverluste verursachen und so das Ausgangssignal dämpfen. Das entwickelte Konzept überkommt also die in Abschnitt 4.5 diskutierten Probleme vergleichbarer Verstärkerkonzepte im hohen mmW-Frequenzbereich. Zusätzlich erweitert es das in [vHRvV+12] gezeigte Konzept, wo bei 94 GHz ein ähnliches Konzept zur Spannungszuführung angewandt wurde.

Zur Unterdrückung von Gegentaktoszillationen wurden, wie es auch beim Wilkinson Koppler zu finden ist, in den virtuellen Leerlaufpunkten Widerstände eingebracht. Im Gegentaktbetrieb wird aus dem virtuellen Leerlauf ein virtueller Kurzschluss, so stellen die Widerstände eine Last für die Gegentaktsignale dar. Wie in Abbildung 4.22 zu sehen ist und bereits beschrieben wurde, sind nur dort Widerstände eingebracht, wo kein oder ein zu vernachlässigender Gleichstrom fließt um Verluste zu verhindern und somit die Effizienz zu erhöhen. Um aber auch am Ausgang der Transistorstufen eine Gegentaktunterdrückung nutzen zu können, sind die Koppelkapazitäten so groß ausgeführt, dass sie für einen großen Frequenzbereich einen Kurzschluss darstellen. Auf diese Art werden unsymmetrische Signale am Ausgang durch die Widerstände am Eingang der folgenden Stufe oder des folgenden Kopplers unterdrückt.

Die Effektivität dieser Gegentaktunterdrückung wird im Folgenden untersucht, wo exemplarisch die Simulations- und Messergebnisse eines Leistungsverstärkers für den Frequenzbereich um 250 GHz vorgestellt werden.

4.7.2. Realisierung und Charakterisierung

Im Rahmen dieser Arbeit sind mehrere Leistungsverstärker entworfen worden, die alle das im vorigen Abschnitt beschriebene Verstärkerkonzept nutzen. Die Verstärker arbeiten in verschiedenen Frequenzbereichen, verfügen über unterschiedliche Bandbreiten und Verstärkungen. Sie demonstrieren eindrucksvoll, dass das entwickelte Konzept in einem weiten Frequenzbereich für einen weiten Anforderungsbereich anwendbar ist. Eine Übersicht der entworfenen Verstärker und deren Ergebnisse ist in Abbildung 4.27 zu finden, wo die entworfenen Verstärker mit dem Stand der Technik verglichen werden. Aus Gründen der Übersichtlichkeit werden nicht alle Ergebnisse vorgestellt, sondern beispielhaft ein Verstärker, der für den Frequenzbereich um 250 GHz entworfen wurde.

Ein Foto des im Folgenden vorgestellten Verstärkers ist in Abbildung 4.23 zu sehen. Er hat eine Größe von $1,25 \times 0,75\,\text{mm}^2$ und ist damit sehr kompakt. Im Foto sind die Koppler am Ein- und Ausgang, die einzelnen Stufen genauso wie die $\lambda/4$ Zuleitungen markiert. Es ist deutlich zu erkennen, dass der Verstärker direkt die in Abbildung 4.22 vorgeschlagene Verstärkertopologie umsetzt. Der entworfene Verstärker nutzt als Transistorstufe eine Kaskode aus Transistoren in CS und CG Anordnung, mit einer Gate-Länge von 50 nm. Die beiden Stufen sind mit einer Leitung der Länge 25 µm und

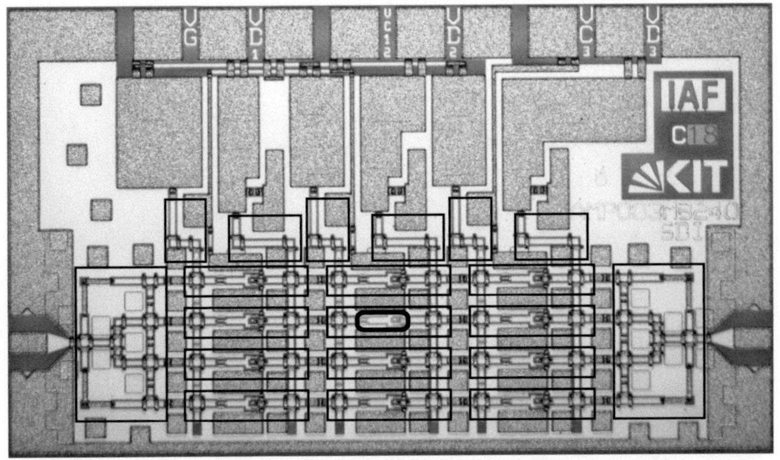

Abbildung 4.23.: Foto des entworfenen und hergestellten Verstärkers für Anwendungen bei 250 GHz. Der Verstärker hat eine Größe von $1{,}25 \times 0{,}75\,\mathrm{mm}^2$.

einer Impedanz von 50 Ω verbunden, deren Länge so gewählt wurde, dass die Schaltung breitbandig und stabil ist. Beide Transistoren nutzen zwei parallele Finger mit einer Einzelfingerweite von 10 µm. Durch die Parallelschaltung von vier dieser Transistorstufen ist die gesamte Gate-Weite am Ausgang des Verstärkers also $4 \times 2 \times 10\,\mu\mathrm{m} = 80\,\mu\mathrm{m}$.

Die Abbildungen 4.24a-c und der Anhang C demonstrieren, dass die Widerstände zur Gegentaktunterdrückung wirkungsvoll sind. Sie tragen dazu bei die Stabilität der entworfenen Verstärker zu gewährleisten. In all diesen Grafiken wurde der in Abschnitt 4.4 vorgeschlagene Ansatz zur Stabilitätsuntersuchung mit Gamma-Probes umgesetzt. Wie bereits beschrieben, wurden dazu dem Ein- und Ausgang die in Abbildung 4.11b gezeigten Reflexionsparameter präsentiert und zusätzlich wurde eine Monte-Carlo Analyse durchgeführt, um die Stabilität des Verstärkers nicht nur im Gleichtaktbetrieb zu untersuchen. Die Realteile der nach Gleichung 4.6 definierten Stabilitätsfaktoren *SF* am Ein- und Ausgang der Schaltung sind in Abbil-

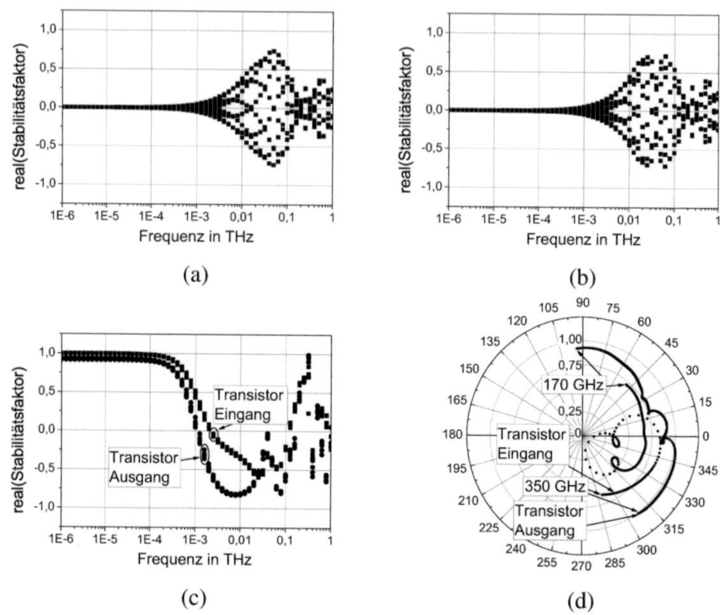

Abbildung 4.24.: Simulierte Stabilitätsfaktoren *SF* am (a) Ein- und (b) Ausgang der Schaltung für verschiedene Winkel der Quell und Lastimpedanzen. (c) Simulierte *SF* am Ein- und Ausgang einer Transistorstufe für verschiedene Monte-Carlo Simulationen. (d) Simulierte *SF* am Ein- und Ausgang einer Transistorstufe für eine beispielhafte Monte-Carlo Simulation.

dungen 4.24a-b zu sehen. Sie stellt die *SF* von 1 MHz bis 1 THz dar, also im kompletten Frequenzbereich in dem der Transistor theoretisch oszillieren kann. Es ist zu beachten, dass die Frequenz logarithmisch aufgetragen ist. Dadurch können niederfrequente Oszillationen, die durch Gleichspannungszuführungen entstehen, genauso wie Hochfrequenzoszillationen, untersucht und ausgeschlossen werden. Die Grafik belegt, dass trotz der verwendeten Quell- und Lastimpedanzen und der Monte-Carlo Analyse, die Schaltung vom Ein- und Ausgang stabil wirkt, da die Realteile der *SF* kleiner als Eins sind. Abbildung 4.24c zeigt den *SF* am Ein- und Ausgang der in Abbildung 4.22 mit einem abgerundeten Rechteck markierten Transistorstufe. Die Untersuchung findet dabei, wie in Abbildung 4.12 gezeigt, am Eingang des Transistors in CS und Ausgang des Transistors in CG Anordnung statt. In der Simulation hat sich gezeigt, dass die SF am Ein- und Ausgang der Transistorstufe vernachlässigbar auf Winkeländerungen der Quell- und Lastabschlüsse reagieren. Dies kann dadurch erklärt werden, dass der Koppler über einen weiten Bereich eine gute Anpassung aufweist und die Ausgänge des Kopplers durch diese Änderungen nur gering beeinflusst werden. Aus Gründen der Übersichtlichkeit werden daher in Abbildung 4.24c die SF nur für einen festen Winkel der Quell- und Lastimpedanzen präsentiert. Auch diese Grafik stellt die SF von 1 MHz bis 1 THz dar, wobei die Frequenz logarithmisch aufgetragen ist. Dieser große Bereich ist notwendig um so Oszillationen bei allen Frequenzen ausschließen zu können. Es ist deutlich zu sehen, dass bei niedrigen Frequenzen die Schaltung stabil ist und erst bei Frequenzen um 300 GHz ein auffälliges Verhalten beobachtet werden kann. Um Oszillationen auszuschließen muss dieser Frequenzbereich daher detaillierter betrachtet werden. Aus diesem Grund sind in Abbildung 4.24d im Frequenzband von 170 bis 350 GHz die SF für eine Monte-Carlo Simulation zu sehen. Die untere und obere Grenze ergibt sich aus der unteren und oberen Grenzfrequenz des Hohlleiterbandes, das in einer späteren Anwendung genutzt werden würde. Es ist deutlich zu erkennen, dass der SF am Eingang der Transistorstufe im kompletten Frequenzbereich kleiner als Eins ist, der Ausgang aber ab ca. 300 GHz größer als Eins wird. Es ist aber auch deutlich zu sehen, dass der Wert $SF = 1$ nie umschlossen wird, der Verstärker also für alle untersuchten Quell- und Lastimpedanzen im Gleich- und Gegentaktbetrieb stabil ist. In Anhang C ist zu sehen, dass entscheidende Voraussetzungen für diese Tatsache die Verwendung von Transistoren in Kaskode Anordnung und die Verwendung der Widerstände zur Gegentaktunterdrückung sind.

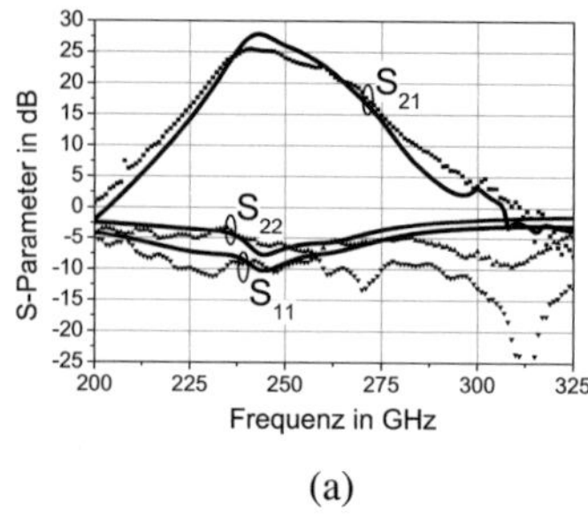

(a)

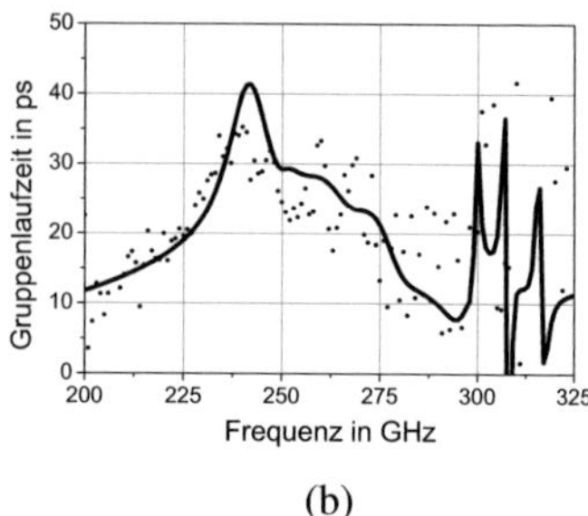

(b)

Abbildung 4.25.: Simuliertes und gemessenes Kleinsignalverhalten des Verstärkers von 200 bis 325 GHz. (a) S-Parameter und (b) Gruppenlaufzeit. Messung: Symbol, Simulation: Linie.

Die simulierten und gemessenen S-Parameter des stabilen Verstärkers sind von 200 bis 325 GHz in Abbildung 4.25a zu sehen. In der Simulation wurde das erstellte Transistormodell genutzt, das einen Transistor bei maximaler Kleinsignalverstärkung beschreibt. In der Messung wurde dieses Verhalten erzielt, indem Spannungen von $V_G = 0,2\,\mathrm{V}$, $V_C = 1,1\,\mathrm{V}$ und $V_D = 1,8\,\mathrm{V}$ angelegt wurden. In der Simulation hat der Verstärker seine maximale Verstärkung bei 243 GHz mit einem Wert von ca. 28 dB. Sein Maximalwert ist im Frequenzbereich von 237 bis 255 GHz nicht mehr als 3 dB abgefallen. Daraus ergibt sich eine absolute und relative Bandbreite von 18 GHz und ca. 7,5 %.

Gemessen hat der Verstärker mit 25,5 dB seine maximale Verstärkung bei 241 GHz. Im Frequenzbereich von 233 bis 261 GHz ist der Pegel um nicht mehr als 3 dB abgefallen, woraus sich eine absolute und relative Bandbreite von 28 GHz und ca. 12 % ergibt. Beim Vergleich von simuliertem und gemessenem Reflexionsverhalten lässt sich eine gute Übereinstimmung von Messung und Simulation feststellen. In beiden Fällen weist die Anpassung mit 6 bis 10 dB Werte auf, die typisch für einen Leistungsverstärker im hohen mmW-Frequenzbereich sind.

Die simulierte und gemessene Gruppenlaufzeit durch den Verstärker ist in Abbildung 4.25b von 200 bis 325 GHz zu sehen. In Simulation und Messung hat sie ihr Maximum bei 241 GHz. Sie weist innerhalb der simulierten und gemessenen 3-dB-Bandbreiten eine Variation von 12,8 bzw. 12,1 ps auf. Daraus ergibt sich nach [TKH+08], dass sich mit diesem Verstärker ein On-Off-Keying moduliertes Signal mit einer Datenrate von 17 Gbit/sec verzerrungsfrei verstärkt werden kann.

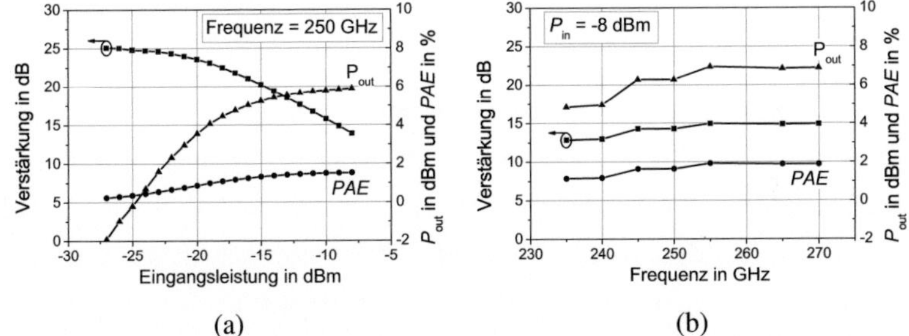

Abbildung 4.26.: Gemessenes Großsignalverhalten des Verstärkers. (a) Verstärkung, Ausgangsleistung und Effizienz in Abhängigkeit der Eingangsleistung bei einer Frequenz von 250 GHz und (b) Verstärkung, Ausgangsleistung und Effizienz in Abhängigkeit der Frequenz bei einer Eingangsleistung von -8 dBm.

Das gemessene Großsignalverhalten ist in den Abbildungen 4.26a-b zu sehen. Die Transistoren wurden dafür mit den Spannungen $V_G = 0,4\,V$, $V_C = 1,5\,V$ und $V_D = 2,2\,V$ versorgt, was sich in der Messung als die Kombination von Spannungen erwiesen hat, die zur größten Ausgangsleistung führt, ohne einer Degradierung der Schaltung zu verursachen.

Abbildung 4.26a zeigt die gemessene Verstärkung, Ausgangsleistung und Effizienz in Abhängigkeit der Eingangsleistung bei einer Frequenz von 250 GHz. Dafür wurde die Eingangsleistung von -27 bis -8 dBm variiert. Die Eingangsleistungspegel werden nach unten durch die minimale Auflösung des Kalorimeters beschränkt, das zur Leistungsmessung genutzt wurde. Nach oben ist der Leistungspegel durch den Verstärker beschränkt, der das vom Frequenzvervielfacher kommende Signal verstärkt und als Eingangssignal über die Messspitze dem zu untersuchenden Verstärker zuführt (vergl. Abschnitt 4.2). Mit den angelegten Spannungen hat der Verstärker eine maximale Verstärkung von 25,1 dB, die bei einer Eingangsleistung von $P_{\text{ein},1-\text{dB}} = -21\,\text{dBm}$ um 1 dB gefallen ist. Daraus ergibt sich eine lineare Verstärkung $G_{1-\text{dB}} = 24,1\,\text{dB}$ und lineare Ausgangsleistung $P_{\text{aus},1-\text{dB}} = 3\,\text{dBm}$. Durch die hohe Versorgungsspannung und den hohen Drain-Strom, beträgt die *PAE* lediglich 1,5 %.

Die Abhängigkeit von Großsignalverstärkung, Ausgangsleistung und Effizienz von der Frequenz ist in Abbildung 4.26b gegeben. Dafür wurde die Eingangsleistung fest auf -8 dBm gesetzt. Für diese Messung war eine erneute Kalibrierung des Messsystems notwendig. Daher unterscheiden sich die bei 250 GHz gemessenen Ausgangsleistungen um 0,4 dB. Sie beträgt in dieser Messung 6,3 dBm. Diese Abweichung liegt innerhalb der in Abschnitt 4.2 diskutierten Messungenauigkeit von ca. 0,5 dB. In der Abbildung ist zu erkennen, dass der Verstärker, wie im Kleinsignalbetrieb, auch im Großsignalbetrieb über eine hohe Bandbreite verfügt. Bei $P_{\text{ein}} = -8\,\text{dBm}$ ist die Ausgangsleistung bei 255 GHz am größten. Sie hat dort einen Wert von 6,9 dBm. Der Verstärker hat in dem Zustand eine *PAE* von 1,9 % und eine Verstärkung von 14,3 dB. Die Messungen belegen somit eindeutig, dass der Verstärker nicht nur ein gutes Kleinsignalverhalten aufweist, sondern auch, dass sein Großsignalverhalten den Einsatz als Sendeverstärker in Radar- und Kommunikationssystemen erlaubt.

Im Rahmen dieser Arbeit wurden mehrere Verstärker entworfen und hergestellt, die den neuartigen Leistungsteiler und das darauf aufbauende Verstärkerkonzept nutzen. Ihre gemessenen Klein- und Großsignaleigenschaften werden im folgenden Abschnitt zusammengefasst und mit dem Stand der Technik verglichen.

4.8. Zusammenfassung und Interpretation

In den beiden vorherigen Abschnitten wurden ein neuartiges Leistungsteiler- und ein Leistungsverstärkerkonzept entwickelt und präsentiert. Koppler und Verstärker nutzen geschickt die in der Arbeit modellierten Wellenleiter. Zusammen mit den Transistormodellen, die auch im Rahmen dieser Arbeit entwickelt wurden, sind leistungsfähige Verstärker mit einer großen Verstärkung und Ausgangsleistung im hohen mmW-Frequenzbereich realisiert worden. Im vorherigen Abschnitt sind beispielhaft die simulierten und gemessenen Eigenschaften eines Verstärkers für Frequenzen um 250 GHz vorgestellt worden. Die gemessenen Eigenschaften aller Verstärker, die im Rahmen dieser Arbeit mit dem entworfenen Koppler und Verstärkerkonzept realisiert wurden, sind in den Tabellen 4.1 und 4.2 zusammengefasst.

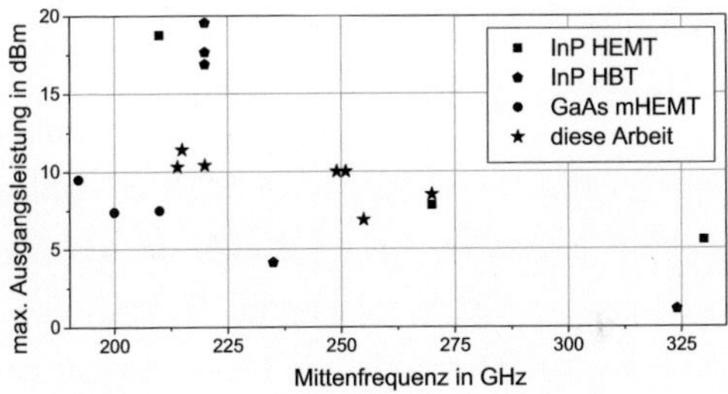

Abbildung 4.27.: Vergleich der maximal gemessenen Ausgangsleistung mit dem Stand der Technik bei Leistungsverstärkern. InP HBT: [RRG+12a, RRG+11, RRG+12b, RSW+11, HUM+08], InP HEMT: [RLS+11, DMR+08], Fraunhofer IAF mHEMT: [KPM+09, LDM+13].

Abbildung 4.27 bietet eine Übersicht über die maximale gemessene Ausgangsleistung aller in dieser Arbeit für den hohen mmW-Frequenzbereich entworfenen Verstärker. Sie nutzen alle den entwickelten Leistungsteiler und das darauf aufbauende Verstärkerkonzept (Symbol: Stern). Zusätzlich werden die in der Arbeit erzielten Ergebnisse in Vergleich gesetzt zum Stand der Technik. Die gemessenen Ausgangsleistungen der im Vorfeld der Arbeit am Fraunhofer IAF entwickelten Verstärker (Symbol: Kreis), sind ebenso aufgeführt, wie die veröffentlichten Ausgangsleistungen der konkurrierenden MMIC, die InP HEMT (Symbol: Quadrat) und InP HBT (Symbol: Fünfeck) nutzen. Es ist deutlich zu erkennen, dass mit dem in dieser Arbeit entworfenen Koppler- und Verstärkerkonzept, bei gegebener Frequenz, die Ausgangsleistung der am Fraunhofer IAF hergestellten Verstärker mehr als verdoppelt werden konnte. Darüber hinaus konnte die höchste Arbeitsfrequenz von Leistungsverstärkern, welche mHEMT des Fraunhofer IAF nutzen, von 210 auf über 250 GHz gesteigert werden. In den Tabellen 4.1 und 4.2 sind Klein- und Großsignalparameter aller im Rahmen dieser Arbeit entworfenen Verstärker zusammengefasst. Der Verstärker A5, der Transistoren mit einer Gate-Länge von 35 nm nutzt, erzielt bei 250 GHz eine maximale Ausgangsleistung $P_{\mathrm{aus,max}}$ von 10 dBm und bei 270 GHz ein $P_{\mathrm{aus,max}}$ von 8,5 dBm. In diesem Frequenzbereich ist bislang keine höhere Ausgangsleistung demonstriert worden. Gleichzeitig ist die Ausgangsleistungsdichte $P_{\mathrm{aus,max,N}}$ mit 125 mW/mm in diesem Frequenzbereich unübertroffen [Sam11].

Der Vergleich mit Verstärkern, welche die InP HBT Technologie nutzen zeigt, dass diese im Frequenzbereich um 220 GHz deutlich mehr Ausgangsleistung aufweisen, als die Verstärker, die im Rahmen der vorliegenden Arbeit entworfenen wurden. Der in [RRG$^+$12a] veröffentlichte Verstärker verfügt bei 220 GHz über 19.54 dBm Ausgangsleistung. Mit steigender Frequenz liegt die Ausgangsleistung der in dieser Arbeit entworfenen Verstärker allerdings über der, die mit Verstärkern demonstriert wurde, die InP HBT nutzen.

Um 220 GHz, fällt der Vergleich mit in InP HEMT Technologie hergestellten Verstärkern zu deren Gunsten aus. Die in dieser Technologie hergestellten Verstärker verfügen bei 210 GHz über 18.75 dBm Ausgangsleistung. Der bei 270 GHz hergestellte Verstärker, der InP HEMT nutzt, hat eine maximale Ausgangsleistung von 7.85 dBm. Dieser Wert konnte auch mit dem in Tabelle 4.2 mit A5 bezeichneten Verstärker realisiert werden, der bei 270 GHz eine Ausgangsleistung von 8,5 dBm aufweist.

Um bewerten zu können, wie viel Ausgangsleistung mit den entworfenen Verstärkern maximal erzielt werden kann, ist der Vergleich mit Abbildung 4.8a sinnvoll. Wie bereits beschrieben, wurden dafür das Großsignalverhalten von leistungsangepassten Transistorteststrukturen bei einer Frequenz von 210 GHz untersucht. Die Transistoren der dort untersuchten Teststrukturen haben alle eine Gate-Länge von 100 nm und unterschiedliche Gate-Weiten. In Abschnitt 4.3.2 und in [DKM+10] wurde gezeigt, dass mHEMT mit unterschiedlichen Gate-Längen bei 210 GHz etwa die gleiche Ausgangsleistung haben. Das lässt sich dadurch erklären, dass z.B. Transistoren mit einer Gate-Länge von 100 nm eine höhere Durchbruchspannungen, dafür nur geringere Betriebsströme als mHEMT mit einer Gate-Länge von 35 nm erlauben. Das Produkt aus maximalem Spannungshub und maximalem Stromhub bleibt relativ konstant. In erster Näherung, führt das zu gleichbleibenden maximalen Ausgangsleistungen [Wal12]. Somit müsste nach Abbildung 4.8a eine Transistorstufe um 210 GHz mit zwei parallelen Fingern und einer Einzelfingerweite von 10 µm ca. -2 dBm und eine mit 15 µm ca. 0 dBm lineare Ausgangsleistung liefern. Vier parallele Transistoren müssten somit im Idealfall 4 bis 6 dBm Ausgangsleistung liefern. Wenn man berücksichtigt, dass Technologieschwankungen und Leitungsverluste auftreten, sind die Eigenschaften des entworfenen Verstärkers in Übereinstimmung mit den Ergebnissen der Transistorteststrukturen. Das bedeutet zum einen, dass die Transistorstufen sehr effektiv angepasst sind. Zum anderen bedeutet es, dass der Koppler nur geringe Leitungsverluste aufweist.

Mit InP HBT und InP HEMT sind teilweise größere Ausgangsleistungen als mit der mHEMT Technologie des Fraunhofer IAF veröffentlicht worden. Ein Grund dafür sind die höheren Versorgungsspannungen, die mit diesen Technologien möglich sind [RRG+12a, RLS+11]. Im Vergleich zur mHEMT Technologie des Fraunhofer IAF, ist die Gleichspannungsleistung pro Transistor etwa doppelt bis drei mal so groß. Wie in [Wal12] gezeigt, ermöglicht das höhere maximale Ausgangsleistungen. Zusätzlich werden beispielsweise in [RLS+11] HEMT mit einer Gate-Weite von 120 µm genutzt, um damit einen Verstärker bei 210 GHz zu entwerfen. Die Verstärker A2 und A3 aus Tabelle 4.2 nutzen lediglich Transistoren mit einer Gate-Weite von 30 µm. Da größere Gate-Weiten zu größeren Ausgangsleistungen führen, ist dies ein bedeutender Unterschied. Mit der mHEMT Technologie des Fraunhofer IAF, war es im Rahmen dieser Arbeit nicht möglich Transistoren mit großen Gate-Weiten zum Entwurf von Leistungsverstärkern um 210 GHz zu verwenden. Bei gleichbleibender Schaltungstopologie, waren in der Simulation alle Verstärker, die Transistoren in Kaskode Anordnung und großen Gate-Weiten nutzen, stets instabil. Dies kann durch die parasitären Transistorelemente (z.B. L_{GF}) erklärt werden, deren Einfluss in Abschnitt 3.4.2 diskutiert wurde. Um die Ausgangsleistung weiter zu steigern, müssen zukünftige Verstärkerkonzepte eine Möglichkeit finden unempfindlich auf die parasitären Effekte zu reagieren. Eine Alternative ist es, den Aufbau des Transistors so anzupassen, dass die parasitären Effekte reduziert werden.

Im Rahmen dieser Arbeit ist eine große Zahl von Leistungsverstärkern entstanden, die alle das in Kapitel 4 entwickelte Verstärkerkonzept nutzen. Mit ihren unterschiedlichen Eigenschaften, Mittenfrequenzen und Bandbreiten decken sie den Frequenzbereich von 200 bis über 250 GHz ab. Sie demonstrieren so, dass das Verstärkerkonzept sehr variabel angewandt werden kann.

In Tabelle 4.1 sind Kleinsignalparameter der Verstärker zusammengefasst. Aufgeführt sind: Die Mittenfrequenz der Schaltung f_{c}, die absolute ($B_{3-\mathrm{dB}}$) und relative ($b_{3-\mathrm{dB}}$) 3-dB Bandbreite, die maximale Kleinsignalverstärkung G_{max} und die Veränderung der Gruppenlaufzeit τ_{GD} innerhalb der 3-dB Bandbreite. Die Großsignalparameter der Verstärker, die bei der Frequenz f_{LS} gemessen wurden, sind in Tabelle 4.2 aufgeführt. Zu sehen sind: Die maximale lineare Ausgangsleistung $P_{\mathrm{aus},1-\mathrm{dB}}$, die größte gemessene Ausgangsleistung, $P_{\mathrm{aus,max}}$ und Effizienz *PAE*. Der Verstärker A1 wurde in Kapitel 4 vorgestellt. A5 wurde bei 250 und 270 GHz charakterisiert und ist daher zweimal aufgeführt.

Tabelle 4.1.: Vergleich der gemessenen Kleinsignaleigenschaften der entworfenen Verstärker.

Parameter	l_G	f_c	$B_{3-\mathrm{dB}}$.	$b_{3-\mathrm{dB}}$	$G_{\max}$	τ_{GD}
Einheit	nm	GHz	GHz	%	dB	ps
A1	50	241	28	12	25,5	12,1
A2	50	222	20	9	27,2	18,9
A3	50	221	33	15	14,8	5,0
A4	50	200	29	14	16	14,1
A5	35	248	14	5,6	32,8	19,6
A6	35	246	13	5,3	32	25,1

Tabelle 4.2.: Vergleich der bei der Frequenz f_{LS} gemessenen Großsignaleigenschaften der entworfenen Verstärker.

Parameter	f_{LS}	$P_{\mathrm{aus,1-dB}}$	$P_{\mathrm{aus,max}}$	$P_{\mathrm{aus,max,N}}$	*PAE*
Einheit	GHz	dBm	dBm	mW/mm	%
A1	255	3	6,9	61	1,9
A2	220	5,5	10,4	91	3,1
A3	215	7,7	11,4	58	2,1
A4	214	6,3	10,3	90	2,8
A5	250	≈ 3	10	125	2,9
A5	270	≈ 3	8,5	64	2,2
A6	250	≈ 4	10	125	3,5

5. Zusammenfassung und Ausblick

Ziel dieser Arbeit war der Entwurf von Leistungsverstärkern für den hohen mmW-Frequenzbereich, um so die Reichweite, maximale Datenrate bzw. Auflösung von Kommunikations- und Radarsystemen zu erhöhen, die in diesem Frequenzbereich arbeiten.

Aufgrund ihrer hervorragenden Systemeigenschaften, wie z.B. geringes Empfängerrauschen, sollte dafür die mHEMT Technologie des Fraunhofer IAF zum Einsatz kommen. Ein Vergleich mit dem Stand der Technik hat gezeigt, dass die in dem Frequenzbereich veröffentlichten Ausgangsleistungen der Verstärker, welche die mHEMT Technologie nutzen, nicht dem Stand der Technik entspricht. Eine Analyse der Situation hat ergeben, dass dies vor allem auf nicht ausreichend genaue Leitungs- und Transistormodelle zurück zu führen ist. Zusätzlich hat sich gezeigt, dass die bislang angewandten Verstärkerkonzepte es nicht erlauben, das Potential der mHEMT Technologie voll auszunutzen. Es wurde daher ein auf die Technologie und den Frequenzbereich zugeschnittenes Verstärkerkonzept erarbeitet und zum Entwurf von Verstärkern genutzt.

Im Bereich der Leitungsmodellierung wurde ein neu entwickelter Ansatz angewandt, um damit das Verhalten der Leitungselemente zu bestimmen. Die Modelle wurden auf Basis von elektromagnetischen Feldsimulationen erstellt und die Genauigkeit der Modelle bis 325 GHz bestätigt. Im Rahmen dieser Arbeit wurden koplanare und quasi-planare Mikrostreifen Leitungen modelliert. In beiden Fällen sind die Modelle so aufgebaut, dass ihr Verhalten physikalisch erklärt werden kann. Die modellierten Leitungselemente heben sich dadurch deutlich vom Stand der Technik ab, wo die Genauigkeit der Elemente bis maximal 110 GHz bestätigt wurde. Im Vergleich zu alternativen Ansätzen ist die Modellierung intuitiv und ermöglicht es schnell und kostengünstig eine große Zahl von Elementen zu modellieren.

Genau wie die Leitungsmodelle sollen die Modelle, die das Verhalten der Transistoren beschreiben, bis mindestens 325 GHz sehr genau sein. In der Arbeit wurde gezeigt, dass dies mit einem klassischen Ansatz, der Messungen bis 110 GHz zur Modellierung nutzte, nicht möglich ist. Es wurde daher ein alternativer Ansatz zur Modellierung erarbeitet und angewandt, der zur Modellierung den Transistor in zwei Teile trennt: Einen, der das rein passive, extrinsische Verhalten des Transistors beschreibt und einen, der das Verhalten des aktiven intrinsischen Transistors beschreibt, den das passive Netzwerk umschließt. Der passive Transistor unterschiedlicher Transistoranordnungen wurde in unabhängige Elemente getrennt, die separat mit Hilfe von elektromagnetischen Feldsimulationen untersucht und modelliert wurden. Im Gegensatz zu bisher veröffentlichten Ansätzen konnte so sehr genau das Verhalten des gesamten extrinsischen Transistors beschrieben werden. Das Verhalten des intrinsischen Transistors wurde mit klassischen Methoden messtechnisch bis 110 GHz bestimmt. Beide Modellbestandteile wurden dann so kombiniert, dass sie das verteilte Verhalten des Transistors beschreiben, womit die Modelle bis zu höchsten Frequenzen gültig sind. Es hat sich gezeigt, dass mit diesem neu erarbeiteten Ansatz instabile Verstärkerentwürfe erkannt und ausgeschlossen werden können, was mit alternativen Ansätzen nicht der Fall war. Zusätzlich ist die Genauigkeit der Transistormodelle bis 325 GHz messtechnisch bestätigt worden.

Auf Basis der modellierten Leitungs- und Transistormodelle wurden Leistungsverstärker für den hohen mmW-Frequenzbereich entworfen. Dafür wurde ein geeignetes Verstärkerkonzept erarbeitet, das die durch die mHEMT Technologie gegebenen Möglichkeiten voll ausnutzt. Im Vergleich zu alternativen Ansätzen, die in diesem Frequenzbereich angewandt werden, ist das entworfene Konzept sehr kompakt und verlustarm, wodurch es sehr leistungsfähige Verstärker ermöglicht. Das zentrale Element der entworfenen Verstärker sind Koppler, die ein eingespeistes Signal phasengleich auf vier parallele Ausgangssignale aufspalten können. Damit unterscheidet sich der Koppler von allen bisher veröffentlichten Kopplern dieser Art, die alle unter Phasenfehlern leiden und so die maximale Ausgangsleistung der Verstärker reduzieren. Auf Basis des erarbeiteten Verstärkerkonzepts wurden verschiedene Verstärker entworfen, prozessiert und charakterisiert. Alle Verstärker verfügen über sehr hohe Ausgangsleistungsdichten, was die Leistungsfähigkeit des Kopplers und des darauf aufbauenden Verstärkerkonzepts bestätigt.

Zusammenfassend lässt sich feststellen, dass im Rahmen dieser Arbeit die Möglichkeit geschaffen wurde auch im hohen Millimeterwellen Frequenzbereich Leistungsverstärker zu entwerfen. Dafür wurden die bisherigen Limitierungen in Bezug auf Leistungs- und Transistormodellierung untersucht und alternative Lösungsmöglichkeiten erarbeitet. Auf Basis der Modelle wurde ein geeignetes Koppler- und Verstärkerkonzept entworfen und angewandt.

Darauf aufbauend lassen sich weitere, neue Verstärkerkonzepte entwerfen um die Ausgangsleistung, Linearität, Bandbreite und auch die Arbeitsfrequenzen der Verstärker zu steigern. Des weiteren können auf Basis der im Rahmen dieser Arbeit entworfenen extrinsischen Transistormodelle nun intrinsische Transistormodelle entworfen werden, die auch das Großsignalverhalten der Transistoren beschreiben. Damit lassen sich dann auch Mischer und Frequenzvervielfacher entwickeln, die in Radar- und Kommunikationssystemen benötigt werden.

A. Zusätzliche Informationen zur Leitungsmodellierung

In diesem Anhang werden zuerst alle modellierten und in Modellbibliotheken umgesetzten Leitungselemente zusammengestellt. Anschließend wird die Genauigkeit einiger weiterer Leitungselemente, vor allem von Diskontinuitäten, messtechnisch bestätigt.

Zusammenstellung aller Modellbibliotheken für Leitungselemente

Im Rahmen dieser Arbeit wurden drei unterschiedliche Leitungsarten modelliert und als Modellbibliothek in *Agilent ADS* umgesetzt. Abbildungen A.1 bis A.3 zeigen beispielhaft modellierte Elemente, die direkt zum Entwurf von Schaltungen genutzt werden können. In Abbildung A.1 sind auch zusätzlich die Modelldetails des modellierten geraden Leitungsstücks und der modellierten T-Verzweigung in CPWG14u Umgebung zu sehen. In Abbildung A.2 sind die Modelle für kapazitiv geladene T-Verzweigungen und Kapazitäten gegen Masse zu sehen. Beide Elemente können Anwendung finden, wenn Schaltungen sehr kompakt und mit hoher Güte angepasst werden sollen. Die Genauigkeit der modellierten Kapazität gegen Masse wird in Abbildung A.5 überprüft und bestätigt. Die Genauigkeit der gesamten Bibliothek wurde in [DWSE+11] bestätigt. In Abbildung A.3 sind die modellierten Elemente der AirMS zu sehen. Durch den modellierten AirMS zu CPWG Übergang können beide Leitungstypen leicht kombiniert werden. Eine ausführlichere Übersicht ist in [Län12] zu finden.

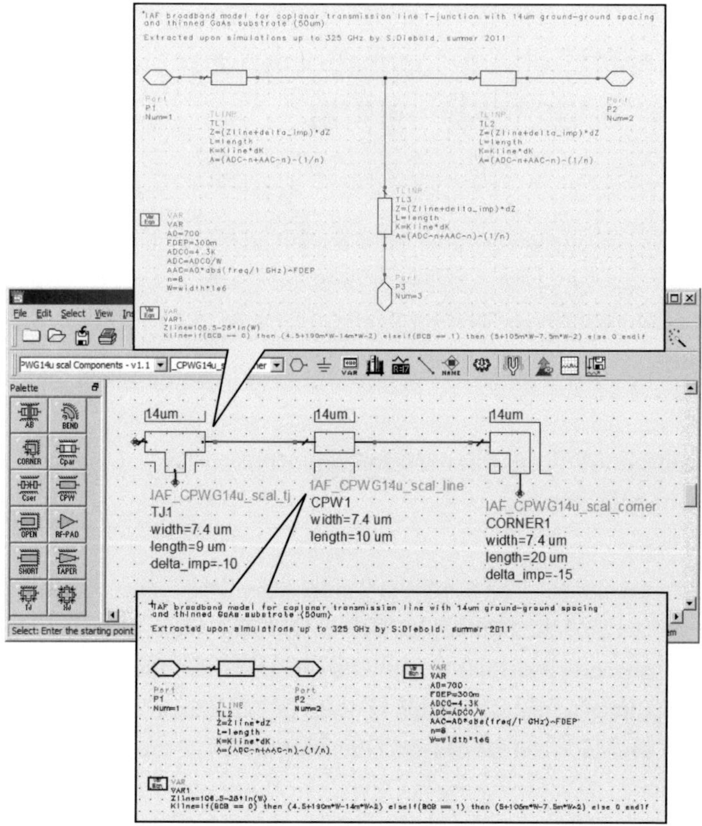

Abbildung A.1.: Übersicht über die in Agilent ADS umgesetzte Modellbibliothek für koplanare Elemente in CPWG14u. Beispielhaft sind auch die Modelldetails für die modellierte Leitung und T-Verzweigung zu sehen.

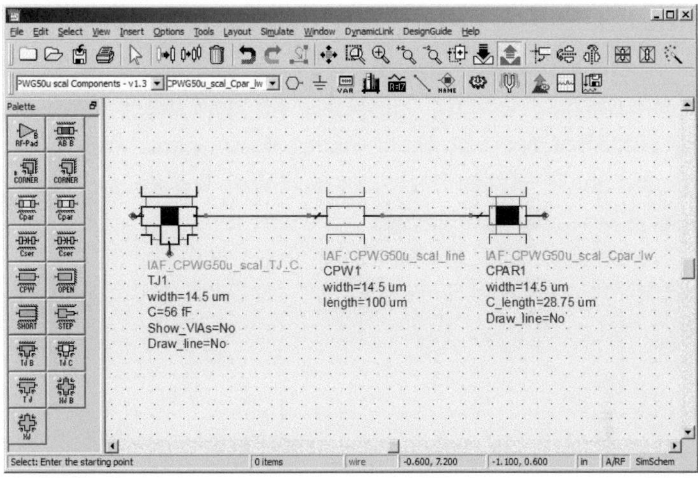

Abbildung A.2.: Übersicht über die in Agilent ADS umgesetzte Modellbibliothek für koplanare Elemente in CPWG50u.

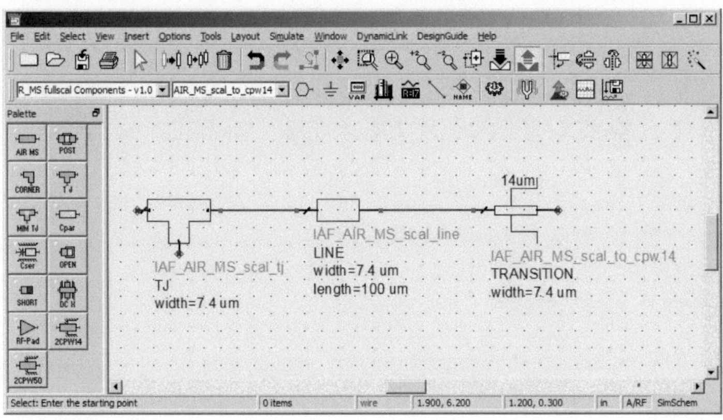

Abbildung A.3.: Übersicht über die in Agilent ADS umgesetzte Modellbibliothek für AirMS Elemente.

Untersuchung der Genauigkeit von modellierten Leitungselementen

In diesem Abschnitt wird die Genauigkeit der modellierten Diskontinuitäten bis 325 GHz untersucht. Dafür werden Messung und Simulation einer Teststruktur in CPWG14u Umgebung und einer Teststruktur einer quasi-uniplanare MS Leitung verglichen.

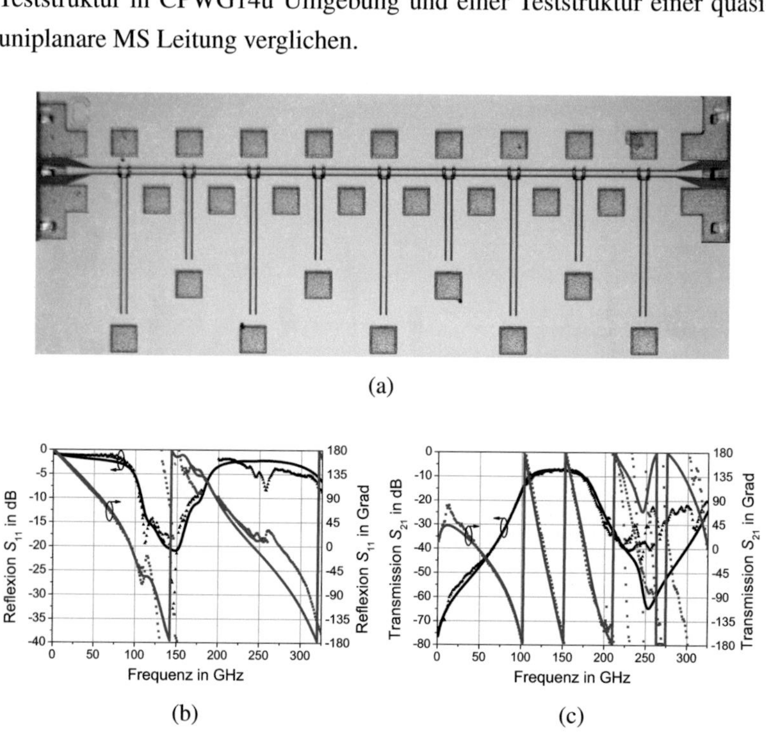

(a)

(b) (c)

Abbildung A.4.: (a) Foto der Teststruktur und (b-c) Vergleich von Messung und Simulation der Teststruktur von 250 MHz 325 GHz. Symbole: Messungen in unterschiedlichen Frequenzbändern. Linie: Simulation.

Ein Foto der Teststruktur in CPWG14u Umgebung ist in Abbildung A.4a zu sehen. Die Struktur hat eine Größe von $1,3 \times 0,45\ \text{mm}^2$ Die Teststruktur hat einen koplanaren Ein- und Ausgang in CPWG50u Umgebung, an die sich

Übergänge anschließen um die unterschiedlichen Masse-Masse Abstände anzupassen. Die Teststruktur nutzt T-Verzweigungen und Leitungsstücke, wobei die Leitungsstücke kurzgeschlossen sind. Die Länge der kurzen Leitungselemente beträgt 150 µm, die der längeren beträgt 250 µm. Die Innenleiterbreite aller Leitungsstücke in CPWG14u Umgebung beträgt 7,4 µm. So entsteht eine Filterstruktur mit Bandpassverhalten. Die Abbildungen A.4b-c zeigen den Vergleich von Messung und Simulation. Die Teststruktur wurde in drei Frequenzbändern von 250 MHz bis 325 GHz gemessen. Es ist zu erkennen, dass der Übergang zwischen den Frequenzbändern relativ nahtlos ist und nur geringe Betrags- und Phasenfehler beim Übergang zwischen den Frequenzbändern auftreten. In Abbildung A.4b sind Betrag und Phase des Reflexions- und in Abbildung A.4c des Transmissionsparameters zu sehen.

Bis 180 GHz kann eine gute Übereinstimmung von Messung und Simulation beobachtet werden. In beiden Fällen hat das koplanare Bandpassfilter seine Mittenfrequenz bei 140 GHz und seine untere und oberere Grenzfrequenz bei 110 und 175 GHz. Obwohl wie in [Ham81] und [Sim01] festgestellt wurde, T-Verzweigungen sehr schwer verlässlich zu modellieren sind, kann hier in Betrag und Phase eine gute Übereinstimmung zwischen simuliertem und gemessenen Reflexions- und Transmissionsverhalten der Struktur festgestellt werden. Das belegt zum einen die Genauigkeit der modellierten Leitungen und der modellierten T-Verzweigungen. Zum anderen demonstriert dies, dass der in der Arbeit entwickelte Ansatz zur Leitungsmodellierung auch zur Modellierung von komplexen Diskontinuitäten angewandt werden kann.

Diskontinuitäten werden in der Literatur meist mit konzentrierten Elementen modelliert [Wol06, Sim01, Ham81]. Dies ist besonders nachteilig, wenn die Länge der Diskontinuitäten nicht klein gegen die Wellenlänge ist, da dann große Abweichungen zwischen Modell und Messung beobachtet werden können. Deshalb sind in dieser Arbeit alle Diskontinuitäten verteilt modelliert. Da Kapazitäten gegen Masse häufig zur Impedanzanpassung ge-

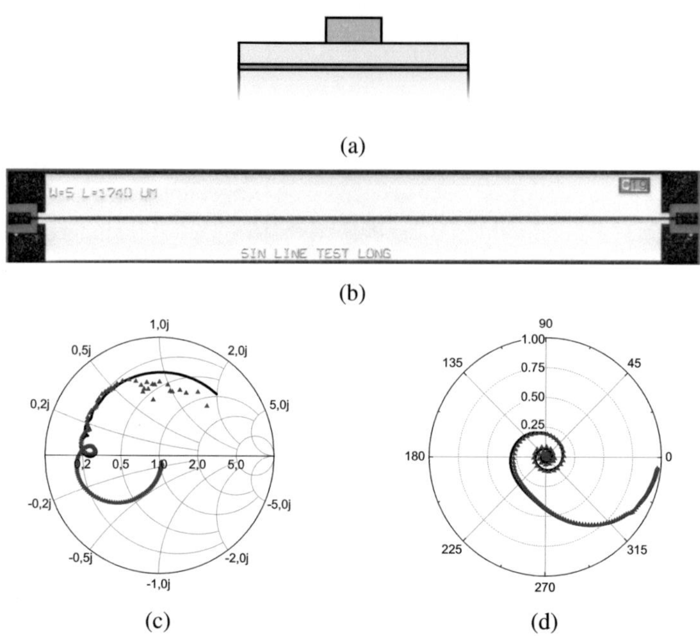

Abbildung A.5.: (a) Schematische Darstellung des Querschnitt durch die Teststruktur und (b) Foto der Struktur. (c-d) Vergleich von Messung und Simulation der Teststruktur in Bezug auf das (c) Reflexions- und (d) das Transmissionsverhalten. Die Mess- und Simulationskurven sind von 250 MHz 325 GHz gezeigt. Symbole: Messungen in unterschiedlichen Frequenzbändern. Linie: Simulation.

nutzt werden und die Länge der Kapazitäten vergleichsweise groß sein kann, ist es besonders wichtig das verteilt wirkende Verhalten dieser Elemente zu beschreiben.

Der Querschnitt durch eine Kapazität gegen Masse ist in Abbildung A.5a zu sehen. Die Substratvorderseite ist flächig mit MET1 abgeschlossen worauf das SiN aufgebracht ist. Auf dem SiN ist METG als Signalleiter. Zwischen METG und MET1 breitet sich ein MS-Feld aus, das SiN als Substrat nutzt. Eine Teststruktur um das modellierte Verhalten zu überprüfen ist in Abbildung A.5b zu sehen. Die SiN-Leitung wird am Ein- und Ausgang über koplanare Leitungsstücke und Übergänge angeschlossen. Sie hat eine Länge von 1740 µm und der Signalleiter hat eine Breite von 5 µm. Die Teststruktur wurde in vier Frequenzbändern von 250 MHz bis 325 GHz gemessen. In Abbildung A.5c ist das Reflexionsverhalten der Struktur im Smith-Diagramm und in Abbildung A.5d das Transmissionsverhalten im Polar-Diagramm zu sehen. Bis 325 GHz ist eine gute Übereinstimmung in Betrag und Phase bei beiden Parametern zu erkennen. Das Modell der Kapazität gegen Masse, das bei koplanaren und AirMS Leitungselementen Anwendung findet, kann somit auch in Netzwerken zur Impedanzanpassung eingesetzt werden. Das ist nur möglich, weil das Modell das verteilte Verhalten der Leitungsstruktur abbilden kann.

B. Zusätzliche Informationen zur Transistormodellierung

Im ersten Teil dieses Anhangs sind Mess- und Simulationskurven zu sehen, die das Verhalten und die Genauigkeit des intrinsischen Transistors beschreiben, der einen mHEMT mit einer Gate-Länge von 50 nm abbildet. Im Anschluss daran wird gezeigt wie stark die einzelnen extrinsischen Modellparameter des Gate-Fingers von den Einstellungen der EMFS abhängen. Außerdem sind die in *Agilent ADS* umgesetzten Transistormodelle beschrieben und die damit verbundenen extrinsischen und intrinsischen Modellparameter zu sehen. Abschließend wird das Stabilitätsverhalten der instabilen Kaskode-Teststruktur aus Abschnitt 3.4.2 weiter untersucht.

Untersuchung von mHEMT mit 50 nm Gate-Länge

In diesem Abschnitt finden weitere Vergleiche von Messung und Simulation statt, um so den in der Arbeit entwickelten Ansatz der Transistormodellierung zu bestätigen. Hierfür finden in diesem Abschnitt nur Transistoren mit einer Gate-Länge von 50 nm Anwendung.

Die messtechnisch bestimmten Gate- und Source-Widerstände sind in Abbildung B.1 zu sehen. Ebenso wie in Abbildung 3.11 lassen sich mit den angewandten Methoden die beiden Widerstände eindeutig bestimmen. Sie finden daher Anwendung im Modell des intrinsischen Transistors, der einen mHEMT mit einer Gate-Länge von 50 nm beschreibt.

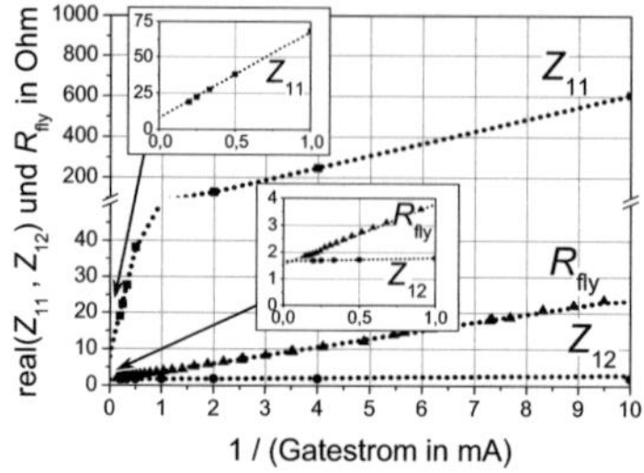

Abbildung B.1.: Gemessener Source bzw. Drain- und Gate-Widerstand über dem inversen des Gatestroms.

Mit Abbildungen 3.11 und B.1 lassen sich daher die auf einen Einzelfinger und auf 1 µm normierten Widerstandswerte R_{Sp} und R_{Gp} bestimmen. Ihre Werte sind in Tabelle B.4 aufgeführt.

Das gemessene und modellierte Verhalten der intrinsischen Parameter ist in den Abbildungen B.2a-b zu sehen. Hierfür wurde die in Abbildung 3.13a gezeigte Teststruktur bei $V_{\mathrm{DS}} = 1\,\mathrm{V}$ und $V_{\mathrm{DS}} = 0,2\,\mathrm{V}$ gemessen, was zur höchsten Kleinsignalverstärkung geführt hat.

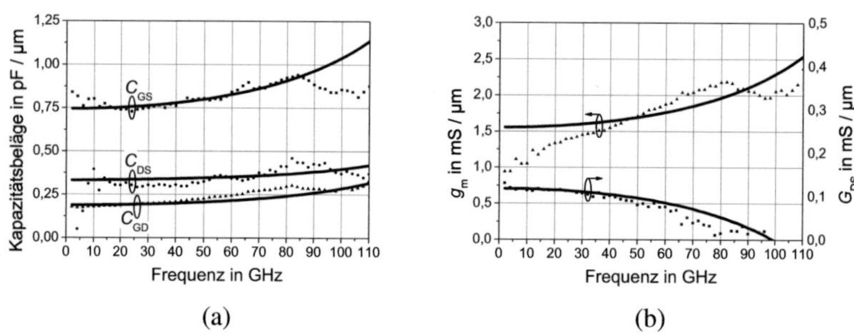

Abbildung B.2.: Vergleich der gemessenen (Symbole) und simulierten (Linien) (a) Kapazitätsbeläge und (b) der Transkonduktanz g_{m} und des Ausgangsleitwerts G_{DS}. Alle Parameter sind auf 1 µm und einen Finger normiert.

Mit Ausnahme des Wertes für die Transkonduktanz kann im kompletten Frequenzbereich eine gute Übereinstimmung zwischen Modell und Messung festgestellt werden. Bei g_m kann bei geringen Frequenzen eine deutliche Abweichung von Messung und Modell beobachtet werden, was durch Dispersionseffekte erklärt werden kann, die bei mHEMT bei geringen Frequenzen häufig auftreten [Kal06]. Da die Transistormodelle nicht in diesem Frequenzbereich eingesetzt werden sollen, wurde darauf verzichtet dieses Verhalten zu modellieren. Stattdessen wurde entschieden das Transistormodell intuitiv zu belassen.

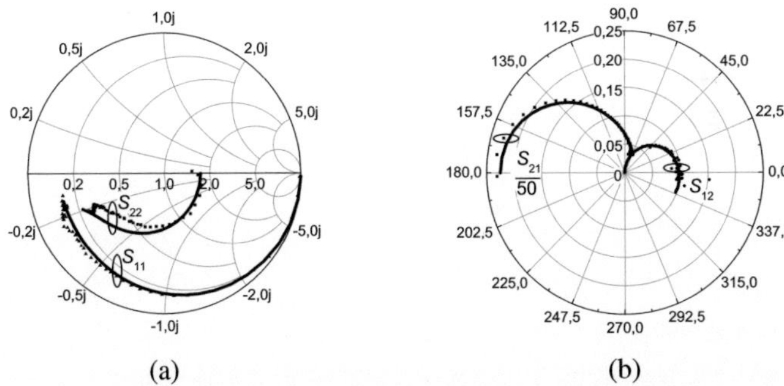

Abbildung B.3.: Vergleich von Messung (Symbole) und Simulation (Linien) von 250 MHz bis 110 GHz eines 50 nm Common-Source Transistors mit 50 µm Masse-Masse und $V_\mathrm{DS} = 1\,\mathrm{V}$ und $V_\mathrm{GS} = 0.2\,\mathrm{V}$.

Der Vergleich von Messung und Simulation, der in Abbildung 3.13a gezeigten Teststruktur, wenn diese bei maximaler Kleinsignalverstärkung betrieben wird, ist in den Abbildungen B.3a-b zu sehen. In diesen Abbildungen kommt in der Simulation das mit Abbildungen B.1 und B.2a-b bestimmte Modell des intrinsischen Transistors zum Einsatz. Der Vergleich der Reflexionsparameter ist in Abbildung B.3a und der Vergleich der Transmissionsparameter B.3b ist in Abbildung von 250 MHz bis 110 GHz zu sehen. Unter Berücksichtigung der Messungenauigkeiten und der Dispersionseffekte kann festgestellt werden, dass das entworfene Transistormodell das prinzipielle Verhalten der gemessenen Teststruktur sehr gut beschreibt.

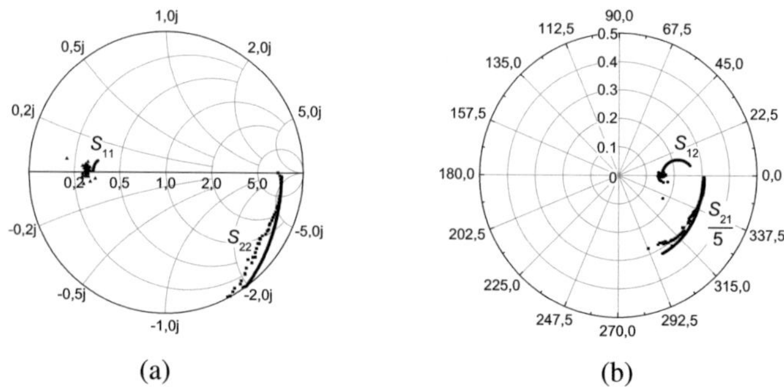

Abbildung B.4.: Vergleich von Messung (Symbole) und Simulation (Linien) von 250 MHz bis 110 GHz eines 50 nm Common-Gate Transistors mit 50 µm Masse-Masse und $V_{DS} = 1$ V und $V_{GS} = 0.2$ V.

Wird das Modell des intrinsischen Transistors mit dem extrinsischen Modell eines Transistors in CG Anordnung verknüpft, so kann mit der in Abbildung 3.14a gezeigten Struktur das gemessene und simulierte Verhalten verglichen werden, wenn der Transistor Verstärkung aufweist. In Abbildung B.4a ist im Smith-Diagramm der Vergleich der simulierten und gemessenen Reflexionsparamter und in Abbildung B.4b ist im Polar-Diagramm der Vergleich der Transmissionsparamter von 250 MHz bis 110 GHz zu sehen. Erneut ist eine geringe Abweichung von Messung und Simulation zu erkennen, das prinzipielle Verhalten wird allerdings erneut korrekt vorher gesagt. Die in diesem Anhang gezeigten Vergleiche bestärken den in dieser Arbeit entwickelten und angewandten Ansatz der Transistormodellierung.

Abhängigkeit der Eigenschaften des Gate-Fingers von den EMFS-Einstellungen

Wie bereits beschrieben, werden die Parameter, welche das Verhalten des Gate-Fingers beschreiben, auch mit Hilfe von EMFS bestimmt. Um zu überprüfen, wie stark die ermittelten Werte von den Simulationseinstellungen abhängen, wurde die Gate-Struktur, wie sie in Abbildung 3.4f zu sehen ist, mehrfach simuliert. Dabei wurden kritische Abmessungen innerhalb der Struktur variiert und die Abhängigkeit der S-Parameter von den Einstellungen untersucht. Anhand der S-Parameter wurden die parasitären Kapazitäten C_{DSp} und C_{Gp}, die parasitäre Induktivität L_{Gp} und der Koppelfaktor K im Abhängigkeit der Geometrie bestimmt und verglichen. Die Abmessungen wurden dabei um bis zu 230 % ihrer ursprünglichen Werte vergrößert bzw. verkleinert. In den meisten Fällen sind so extreme Änderungen der Abmessungen aufgrund der technologischen Beschränkungen nicht möglich. Der Vergleich zeigt so allerdings sehr deutlich Tendenzen und Grenzwerte auf.

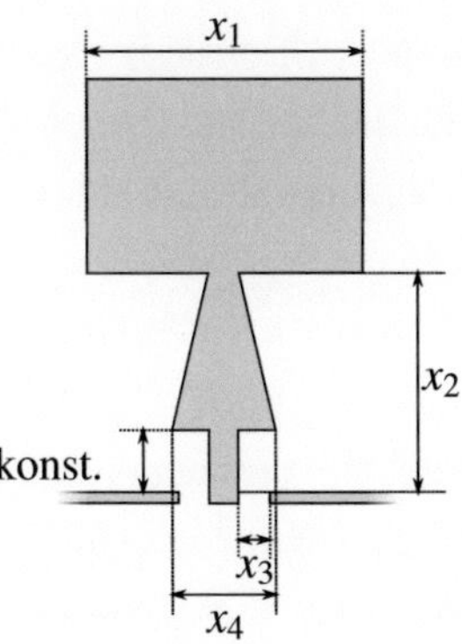

Abbildung B.5.: Detailliertere Darstellung des in Abbildung 3.7 skizzierten Gate-Fingers.

Die Parameter, deren Größe variiert wird, sind die Breite des Gate-Kopfs x_1, der Abstand des Gate-Kopfs vom Kanal x_2, die Rezess-Breite x_3 und die Weite der dreieck-förmigen Struktur im Gate-Metall x_4. Die durch den 50 nm mHEMT Prozess vorgegebenen Soll-Dimensionen sind $x_1 = 450$ nm, $x_2 = 350$ nm, $x_3 = 75$ nm und $x_4 = 170$ nm. In Abbildung B.5 ist die Zuordnung der Parameter zur Geometrie des Gate-Fingers gegeben.

Tabelle B.1.: Auflistung der Parameterwerte des Gate-Fingers, die sich durch Veränderung der Gate-Geometrie innerhalb der EMFS ergeben.

Variation	C_{DSp}	C_{Gp}	L_{Gp}	L_{Dp}	K
Original	100,00	100,00	100,00	100,00	100,00
$x_1 = 200$ nm	90,69	79,08	114,66	118,94	102,82
$x_1 = 1000$ nm	94,22	94,83	100,32	92,30	102,32
$x_2 = 200$ nm	92,74	87,07	107,37	108,53	101,84
$x_2 = 500$ nm	90,87	79,79	114,84	115,16	104,24
$x_3 = 50$ nm	118,55	154,82	80,36	77,10	91,71
$x_3 = 100$ nm	91,21	81,39	112,96	114,389	103,54
$x_4 = 100$ nm	90,74	79,64	115,19	118,14	103,60
$x_4 = 500$ nm	95,07	96,37	95,13	87,70	101,69

Die Ergebnisse der EMFS sind in Tabelle B.1 gegeben. Die Zeile *Original* gibt die Parameterwerte an, die sich mit den oben angegebenen Gate-Abmessungen ergeben. Die folgenden Zeilen geben die Werte der Parameter an, wenn die angegebene Geometrie verändert wird und alle anderen Abmessungen konstant gehalten werden. Die einzelnen Parameterwerte sind auf die Werte der ursprünglichen Simulation bezogen und in Prozent angegeben. Es ist zu erkennen, dass besonders der Parameter x_3, die Rezess-Breite, das simulierte Verhalten stark beeinflusst. Das kann mit Hilfe von Abbildung 3.7 erklärt werden, wo zu erkennen ist, dass sich in diesem Bereich das elektromagnetische Feld konzentriert. Aus diesem Grund führen Änderungen in dieser Gegend zu besonders großen Veränderungen. Alle weiteren Änderungen der Gate-Dimensionen führen zu relativ kleinen Veränderungen der resultierenden parasitären Kapazitäten und Induktivitäten und des Koppelfaktors. Die Untersuchung zeigt also, dass mögliche Fehler in der EMFS die Qualität des Modells zwar beeinflussen können, das prinzipielle Verhalten mit Hilfe des Modells aber sehr genau wiedergegeben wird.

Zusätzlich kann mit solchen Simulationen die Leistungsfähigkeit der Gate-Struktur in Abhängigkeit seiner Abmessungen untersucht werden. Es kann innerhalb der technologischen Beschränkungen die Geometrie des Gates optimiert werden, um die Grenzfrequenzen der Transistoren zu steigern.

Wie in den Gleichungen 3.3 und 3.4 zu sehen ist, müssen insbesondere der Wert der parasitären Gate-Source-Kapazität und der Wert des parasitären Gate-Widerstands reduziert werden, um die Grenzfrequenzen der Transistoren zu steigern. Da eine Verbreiterung des Gate-Kopfs automatisch zu geringeren Widerstandswerten führt und die EMFS zeigen, dass in dem Fall auch der Kapazitätswert leicht sinkt, scheint dies eine Möglichkeit zu sein die Leitungsfähigkeit der mHEMT Technologie zu steigern.

Zusammenstellung aller Transistormodelle

In Abbildung B.6 ist die im Rahmen dieser Arbeit entworfene und in *Agilent ADS* umgesetzt Transistorbibliothek zu sehen. Zusätzlich wird in der Abbildung gezeigt, wie die Modelle eines Transistors in CS und CG Anordnung umgesetzt wurden. Beim Schaltungsentwurf müssen lediglich die Einzelfingerweite und die Gate-Weite des Transistors angegeben werden. Dadurch ist das Modell sehr komfortabel und flexibel nutzbar.

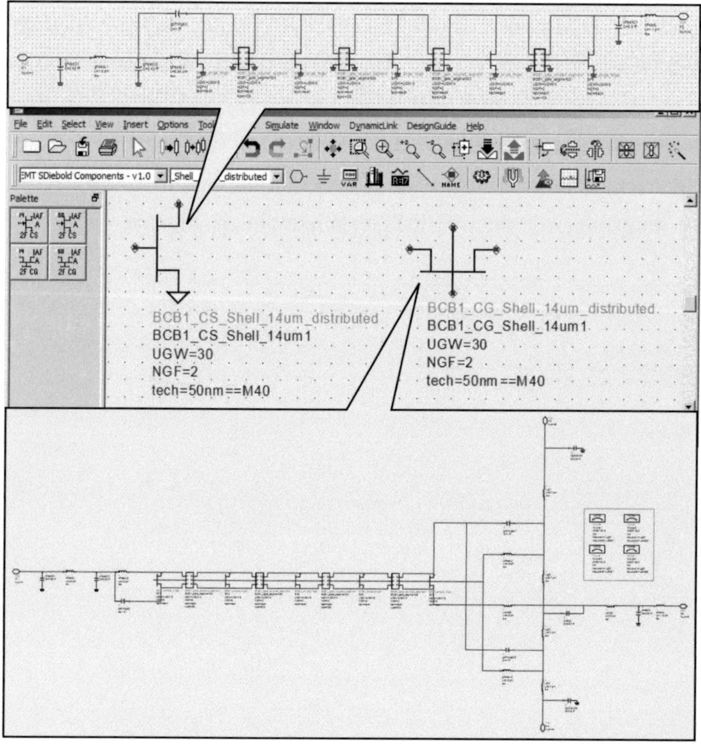

Abbildung B.6.: Übersicht über die in *Agilent ADS* umgesetzte Modellbibliothek für Transistormodelle.

Zusammenfassung aller Transistor Modellparameter

Tabelle B.2.: Zusammenstellung aller Parameter, die zur Beschreibung der in Abbildung 3.5 gezeigten Zuleitungen im extrinsischen Netzwerk notwendig sind. Die Parameter sind für einen Transistor in CPWG14u und in CPWG50u Umgebung gegeben. Dass die Modellparameter direkt den einzelnen physikalischen Strukturen zugeordnet werden können, wurde bei der Modellierung der Zuleitungen die Symmetrie der Struktur nicht ausgenutzt.

Parameter	Einheit	CPWG14u	CPWG50u
C_{SF1}	fF	0,95	1,8
L_{SF1}	pH	2,9	1,4
C_{SF2}	fF	0,95	2,8
L_{SF2}	pH	2,9	3,4
C_{SF2D}	fF	1,0	0,1
L_{DF}	pH	3,75	8,4
L_{GF}	fF	6,0	12,3
C_{GF2S}	fF	1,0	0,2
C_{DF2GF}	fF	0,87	1,8
C_{GF2GND}	fF	0,5	2,8
C_{DF2GND}	fF	0,83	0,7

Tabelle B.3.: Zusammenstellung aller Parameter, die zur Beschreibung der in Abbildung 3.6 gezeigten Struktur notwendig sind. In den Modellparametern ist berücksichtigt, dass wie in Abschnitt 3.2 beschrieben, zur Reduzierung der Modellparameter die Symmetrie der Struktur ausgenutzt wurde.

Parameter	Einheit	Wert
L_{Sp}	pH/µm	0,1
L_{Dp}	pH/µm	0,1
L_{Gp}	pH/µm	0,15
K_{Gp}	1	0,47
C_{Gp}	fF/µm	0,15
C_{DSp}	fF/µm	0,14

Tabelle B.4.: Zusammenstellung der messtechnisch bestimmten parasitären Gleichspannungs-Widerstände. Bei der Modellierung wurde angenommen, dass der Drain-Widerstand dem Source-Widerstand entspricht. Die Werte sind für die M40/M45 Technologien (50 nm / 35 nm Gate-Länge) angegeben.

Parameter	Einheit	M40	M45
R_{Sp}	Ω µm	145	90
R_{Gp}	Ω/µm	0,275	0,15

Tabelle B.5.: Zusammenstellung der messtechnisch bestimmten Parameter des intrinsischen Transistors. Die Werte sind für die M40/M45 Technologien (50 nm / 35 nm Gate-Länge) angegeben.

Parameter	Einheit	M40	M45
C_{GS}	fF/µm	0,8	0,55
C_{GD}	fF/µm	0,09	0,11
C_{DS}	fF/µm	0,25	0,4
R_{DS}	kΩ µm	6,3	4,9
g_{M}	mS/µm	2,1	2,9

Zusätzliche Abbildungen zur in Abbildung 3.17 untersuchten Teststruktur

Abbildung B.7a zeigt die aus den bei 195 GHz gemessenen S-Parametern berechneten Stabilitätskreise für Quelle und Last. Zusätzlich sind die bei 195 GHz gemessenen S_{11} und S_{22} Parameter aufgetragen. Da S_{22} einen Betrag von größer als Eins aufweist, sind die Reflexionsparamter im Polardiagramm dargestellt. Es ist zu erkennen, dass S_{22} nicht innerhalb des Stabilitätskreises liegt. Die Abbildung demonstriert somit, dass die Teststruktur instabil ist.

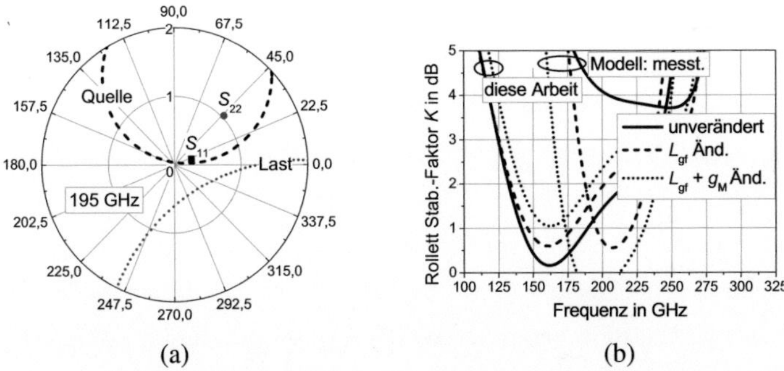

Abbildung B.7.: (a) Bei 195 GHz gemessene S_{11}, S_{22} und Stabilitätskreise für Quelle und Last, (b) Vergleich verschiedener simulierter Stabilitätsfaktoren.

Wie in Abbildung 3.17c zu sehen ist, konnte die Instabilität nicht durch die Transistormodelle, die im Vorfeld der Arbeit verfügbar waren, vorhergesagt werden. Mit den Transistormodellen, die im Rahmen dieser Arbeit erstellt wurden, konnte die Instabilität allerdings vorhergesagt werden. Dies ist in Abbildung B.9a zu erkennen, wo die simulierten Stabilitätskreise und S_{11} und S_{22} bei einer Frequenz von 170 GHz zu sehen sind.

Um zu untersuchen, welche Elemente im Ersatzschaltbild des Transistors dazu führen, dass die Instabilität erkannt werden kann, wurden die im Vorfeld verfügbaren und die im Rahmen dieser Arbeit entwickelten Transistormodelle verglichen. Ein direkter Vergleich ist nicht möglich, da die Modelle ein unterschiedliches Ersatzschaltbild verwenden. Den Vergleich erschwert besonders, dass die im Rahmen dieser Arbeit entwickelten Modelle so gestaltet sind, dass sie quasi-verteilt wirken. Trotz der unterschiedlichen Netzwerke konnten dominante Elemente erkannt werden. Besonders großen Einfluss haben die Induktivitäten der Gate-Zuleitung des CG Transistors L_{GF}. Außerdem ist die Transkonduktanz g_{m} der im Rahmen dieser Arbeit entwickelten Modelle größer als die der Modelle, die im Vorfeld verfügbar waren. Der Einfluss der beiden Parameter auf den Rollettschen Stabilitätsfaktor K ist in Abbildung B.7b zu sehen.

Der Wert der Induktivitäten L_{GF} des im Vorfeld der Arbeit verfügbaren Modells, war vernachlässigbar klein. Der Wert wurde für die Untersuchungen auf 15 pH gesetzt. Dies entspricht in etwa der Summe aller am Gate des Transistors in CG Anordnung anliegenden Induktivitäten, die im mit EMFS erstellten Modell zu finden sind. Es ist zu erkennen, dass eine Vergrößerung dieses Werts, den K-Faktor reduziert. Mit Hilfe von Abbildungen B.8a-b ist zu erkennen, dass eine Vergrößerung des L_{GF} Wertes alleine noch nicht ausreichend ist, einen instabilen Zustand der Teststruktur hervorzurufen. Bei der beispielhaft gewählten Frequenz von 208 GHz, liegt S_{22} zwar am Rand, aber noch innerhalb des Stabilitätskreises. Wird zusätzlich die Transkonduktanz um 50 % erhöht, ist mit Abbildungen B.8c-d zu erkennen, dass die Schaltung instabil ist. Es kann auch beobachtet werden, dass um 208 GHz, S_{11} und S_{22} größer als 0 dB sind. Das kann auch in der Messung beobachtet werden.

Auf Basis der im Rahmen dieser Arbeit entwickelten Modellen wurde die Gegenprobe durchgeführt, ob die Parameter L_{GF} und g_{m} ausreichend sind, um das Stabilitätsverhalten der Schaltung entscheidend zu beeinflussen. In Abbildung B.9a sind S_{11}, S_{22} und die Stabilitätskreise bei 170 GHz zu sehen. Für diese Abbildung wurden keine Änderungen an den Transistormodellen

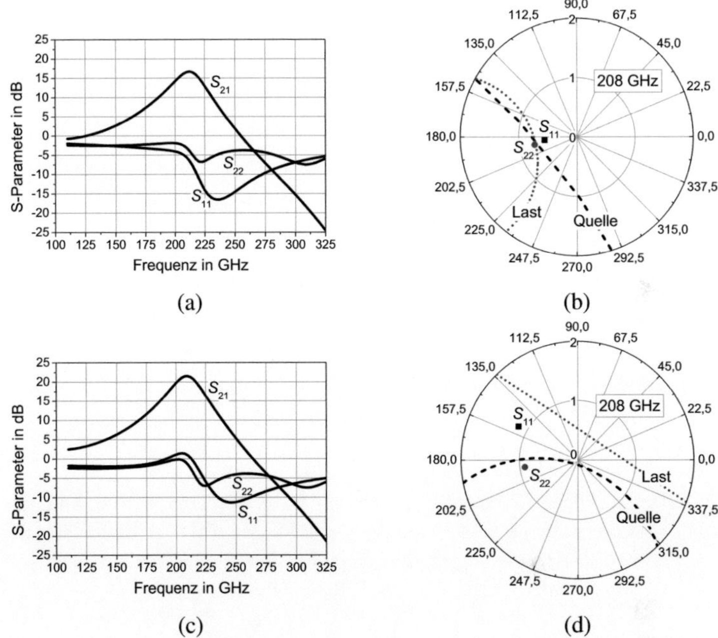

Abbildung B.8.: (a-d) Simulationsergebnisse auf Basis der Transistormodelle, die im Vorfeld der Arbeit verfügbar waren. (a) S-Parameter, mit vergrößerten L_{GF} Werten. (b) Stabilitätskreise bei 208 GHz, die zeigen, dass die Schaltung trotz vergrößertem L_{GF} noch stabil ist. (c) S-Parameter, mit vergrößerten L_{GF} und g_m Werten. (d) Stabilitätskreise bei 208 GHz, die zeigen, dass die Schaltung mit vergrößerten L_{GF} und g_m Werten instabil ist.

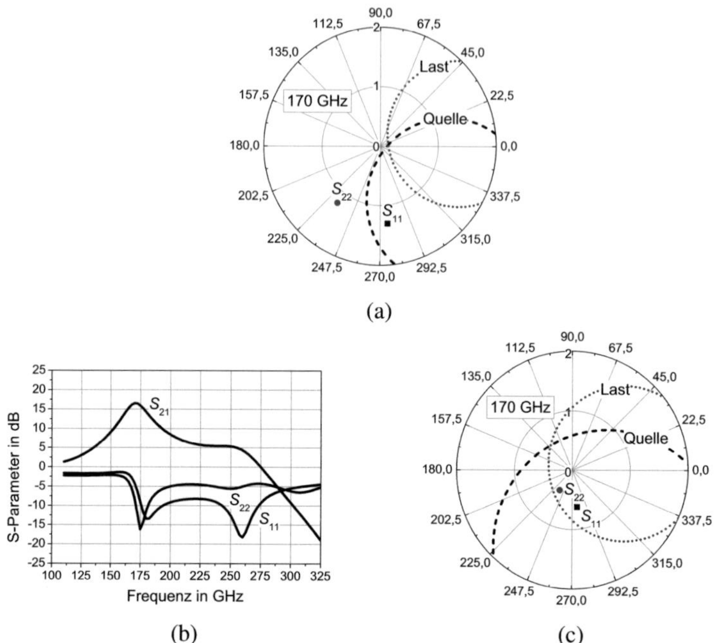

Abbildung B.9.: (a-c) Simulationsergebnisse auf Basis der Transistormodelle, die im Rahmen dieser Arbeit erstellt wurden. (a) Stabilitätskreise bei 170 GHz, die zeigen, dass die Schaltung mit unveränderten Modellparametern instabil ist. (b) S-Parameter, mit verkleinertem L_{GF}. (c) Stabilitätskreise bei 170 GHz, die zeigen, dass die Schaltung mit verkleinertem L_{GF} stabil ist.

vorgenommen. Es ist zu erkennen, dass die simulierte Schaltung instabil ist. Wird der Wert der Induktivitäten L_{GF}, die das Gate des Transistors in CG Anordnung kontaktieren auf ein Zehntel seines Wertes reduziert, der mit Hilfe von EMFS bestimmt wurde, so erhält man die Abbildungen B.9b-c. Es ist zu erkennen, dass die Schaltung durch die vorgenommene Änderung bei der Frequenz von 170 GHz stabil ist. Wird zusätzlich die Transkonduktanz g_m auf 80 % des messtechnisch bestimmten Werts reduziert, so ist mit Abbildung B.7b zu erkennen, dass die Schaltung bedingungslos stabil ist.

Diese Untersuchen zeigen, dass der Wert der Induktivitäten, die das Gate eines Transistors in CG Anordnung mit den Kapazitäten verbinden, die den Hochfrequenzkurzschluss bereit stellen, von großer Bedeutung ist. Ihr Wert und der Wert von g_{m} müssen im Modell sehr genau wiedergegeben werden. Dies bestätigt den Ansatz EMFS zur Modellierung von Transistoren zu verwenden, da so das Verhalten der Zuleitungen am Gate detailliert untersucht werden kann. Das im Vorfeld der Arbeit entworfene Modell eines Transistors in CG Anordnung wurde auf Basis der in Abbildung 3.14a gezeigten Teststruktur entworfen. Durch Messungen dieser Struktur kann das Verhalten der Gate-Zuleitungen nicht eindeutig bestimmt werden, da die Gate-Zuleitungen dort nicht direkt kontaktiert und somit untersucht werden können.

C. Zusätzliche Informationen zum Entwurf der MMIC

Stabilitätsuntersuchungen, die bestätigen, dass die Gegentaktwiderstände ausschlaggebend für die Stabilität der entworfenen Verstärker verantwortlich sind und dass die Stabilität nur mit Transistoren in Kaskode und nicht mit Transistoren in Common-Source Anordnung erzielt werden kann, sind zentraler Gegenstand dieses Anhangs. Daran anschließend sind alle im Rahmen dieser Arbeit entworfenen Leistungsverstärker zusammengefasst. Die relevanten Kenngrößen der Verstärker werden verglichen und bewertet.

Stabilitätsuntersuchungen

In Kapitel 4 wurde schrittweise ein Konzept für einen Leistungsverstärker erarbeitet, dessen Struktur für den hohen mmW-Frequenzbereich und die technologischen Möglichkeiten der mHEMT Technologie des Fraunhofer IAF optimiert wurde. Um Gegentaktoszillationen auszuschließen wurden, wie es in der Abbildung 4.22 zu sehen ist, in den Leitungen, welche die Eingänge der parallelen Transistorstufen verbinden, Widerstände eingebracht. Wie bereits beschrieben haben sie im Gleichtaktbetrieb keine Funktion, da in diesem Fall ein virtueller Leerlauf die parallelen Stufen von einander isoliert. Erst bei unsymmetrischer Ausbreitung der Signale gewinnen die Widerstände an Bedeutung, da in diesem Fall ein virtueller Kurzschluss zwischen den parallelen Stufen auftritt und so die Widerstände eine Last darstellen.

Wie mit den Abbildungen C.1a-c gezeigt wird, tragen die Widerstände zur Stabilität des gesamten Verstärkers bei. Zusätzlich wird in den Abbildungen C.2 gezeigt, dass Transistorstufen mit Transistoren in CS Anordnung nicht zum Entwurf von Leistungsverstärkern genutzt werden können, wenn diese die in der Arbeit vorgeschlagene Struktur aufweisen.

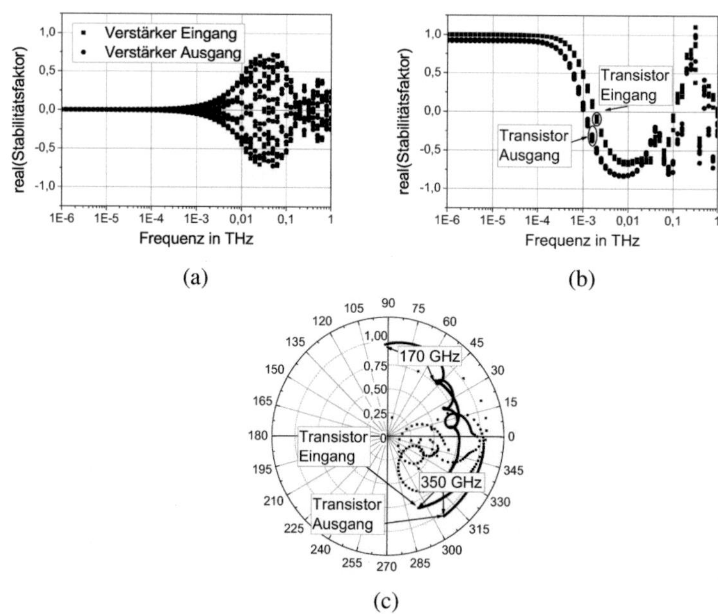

Abbildung C.1.: Verstärker ohne Gegentaktwiderstände. Simulierte Stabilitätsfaktoren *SF* (a) am Ein- und Ausgang der Schaltung für verschiedene Winkel der Quell- und Lastimpedanzen, (b) am Ein- und Ausgang einer Transistorstufe für verschiedene Monte-Carlo Simulationen und (c) am Ein- und Ausgang einer Transistorstufe für eine beispielhafte Monte-Carlo Simulation.

Die Abbildung C.1a zeigt den Realteil des Stabilitätsfaktors an Ein- und Ausgang eines Verstärkers für verschiedene Winkel der Quell- und Lastimpedanzen, wobei der untersuchte Verstärker dem in Abschnitt 4.7 entspricht, aber auf die Widerstände zwischen den parallelen Eingängen der Transistorstufen verzichtet wurde. Es ist deutlich zu erkennen, dass der so entworfene Verstärker stabil zu sein scheint, da alle Realteile kleiner als Eins sind. In Abbildung C.1b sind die simulierten Realteile der *SF* am Ein- und Ausgang einer Transistorstufe zu sehen. Die Winkel der Quell- und Lastimpedanzen wurden nicht variiert, mit Hilfe von Monte-Carlo Simulationen wurde aber die Ausbreitung von nicht symmetrischen Signalen erzwungen. Bei niedrigen Frequenzen sind die Realteile der *SF* nie größer als 1. Erst um 300 GHz kann ein auffälliges Verhalten beobachtet werden. Dies konnte auch bei dem Verstärker aus Abschnitt 4.7 beobachtet werden, der Widerstände zur Gegentaktunterdrückung nutzt. Exemplarisch sind für den Frequenzbereich von 175 bis 350 GHz in Abbildung C.1c für eine Simulation die *SF* am Ein- und Ausgang einer Transistorstufe dargestellt. Im Gegensatz zu dem Verstärker, der die Widerstände nutzt, berühren oder umkreisen die gezeigten *SF* den Wert Eins, was eine Mitkopplung der Signale darstellt und somit zu einer Instabilität des Verstärkers führt. Es kann also festgestellt werden, dass die zusätzlich eingebrachten Widerstände zur Unterdrückung von unsymmetrischen Signalen sinnvoll sind und zur Stabilität des Verstärkers beitragen.

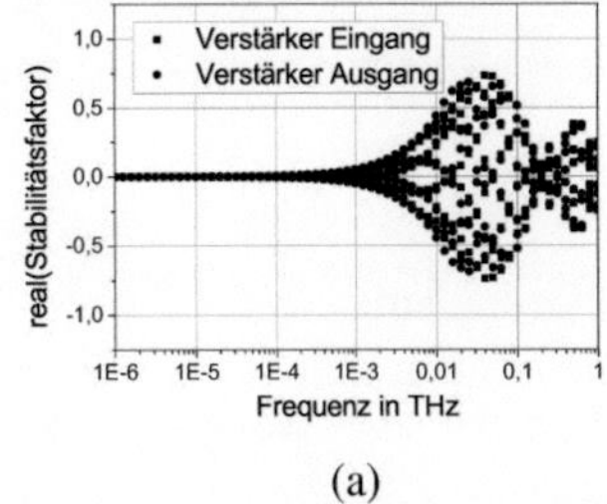

(a)

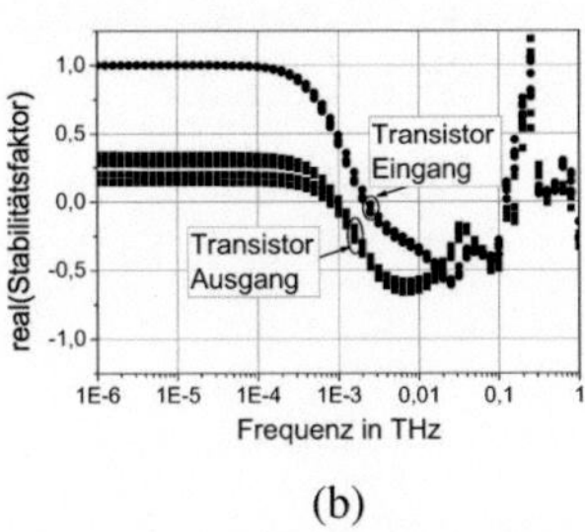

(b)

Abbildung C.2.: Verstärker mit Transistoren in CS Anordnung. Simulierte Stabilitätsfaktoren *SF* (a) am Ein- und Ausgang der Schaltung für verschiedene Winkel der Quell- und Lastimpedanzen und (b) am Ein- und Ausgang einer Transistorstufe für verschiedene Monte-Carlo Simulationen.

Die simulierten Realteile der *SF*, die sich am Ein- und Ausgang eines Verstärkers ergeben, der Transistoren in CS Anordnung und das diskutierte Verstärkerkonzept nutzt, sind für verschiedene Winkel der Quell- und Lastimpedanzen in Abbildung C.2a zu sehen. Zur Unterdrückung von Gegentaktoszillationen verwendet der Verstärker die bereits beschriebenen Widerstände. Erneut sind alle Realteile im kompletten Frequenzbereich deutlich kleiner als Eins, was auf eine Stabilität des Verstärkers hindeutet. In Abbildung C.2b sind die Realteile der *SF* am Ein- und Ausgang einer Transistorstufe für verschiedene Monte-Carlo Simulationen zu sehen. Es kann festgestellt werden, dass die Realteile deutlich größer als Eins sind, was darauf schließen lässt, dass der Verstärker instabil ist. Dies bestätigt den Ansatz zum Entwurf der Leistungsverstärker nur Transistoren in Kaskode Anordnung zu verwenden. In [Gam89] wurde das Stabilitätsverhalten von Verstärkern untersucht, wenn sie mehrere Transistorstufen parallelisieren. Obwohl die Untersuchungen ursprünglich für Wanderwellenverstärker durchgeführt wurden, sind die Ergebnisse auch auf diese Arbeit anwendbar. Es wurde festgestellt, dass stabile Verstärker nur dann möglich sind, wenn entweder die Rückwärtsisolierung der Transistorstufe hoch oder die Verstärkung gering ist. Das ist intuitiv verständlich, da so Rückkopplungen des verstärkten Signals vom Ausgang der Stufe auf den Eingang verhindert werden. Da eine hohe Verstärkung der Transistorstufe für eine hohe Verstärkung und Ausgangsleistung des gesamten Verstärkers benötigt wird, finden in dieser Arbeit nur Transistoren in Kaskode Anordnung Anwendung, da sie sowohl eine hohe Verstärkung als auch eine hohe Isolierung aufweisen.

In diesem Abschnitt wurde das Stabilitätsverhalten der entworfenen Verstärkertopologie untersucht. Es hat sich gezeigt, dass die Widerstände zur Gegentaktunterdrückung und die Verwendung von Transistoren in Kaskode Anordnung entscheidend zur Stabilität der entworfenen Verstärker beitragen.

Literaturverzeichnis

[Aae12] P.H. Aaen. Transistor modeling - with an eye toward the future. *IEEE Microwave Magazine*, 13(7):24–26, 2012.

[Agia] Agilent Technologies. *ADS documentation - Agilent EE-HEMT1 model equations.*

[Agib] Agilent Technologies. *ADS documentation - TLINP (2-Terminal physical transmission line).*

[APW07] P. H. Aaen, J. A. Pla, and J. Wood. *Modeling and characterization of RF and microwave power FETs*. The Cambridge RF and microwave engineering series. Cambridge University Press, Cambridge, 1. edition, 2007.

[Arm12] C.M. Armstrong. The truth about terahertz. *IEEE Spectrum*, 49(9):36–41, 2012.

[AZR92] I. Angelov, H. Zirath, and N. Rosman. A new empirical non-linear model for HEMT and MESFET devices. *IEEE Transactions on Microwave Theory and Techniques*, 40(12):2258–2266, 1992.

[Bah06] I.J. Bahl. Broadband and compact impedance transformers for microwave circuits. *IEEE Microwave Magazine*, 7(4):56–62, 2006.

[BB90] M. Berroth and R. Bosch. Broad-band determination of the FET small-signal equivalent circuit. *IEEE Transactions on Microwave Theory and Techniques*, 38(7):891–895, 1990.

[Bla12] P. Blakey. Transistor modeling and TCAD. *IEEE Microwave Magazine*, 13(7):28–35, 2012.

[BOB08] R.G. Brady, C.H. Oxley, and T.J. Brazil. An improved small-signal parameter-extraction algorithm for GaN HEMT devices. *IEEE Transactions on Microwave Theory and Techniques*, 56(7):1535–1544, 2008.

[BSM+00] A. Bessemoulin, M. Sedler, H. Massler, W.H. Haydl, D. Geiger, H. Brugger, P. Quentin, and M. Schlechtweg. A complete coplanar element library in commercially available foundry process for millimeter-wave integrated circuit design. In *30th European Microwave Conference*, pages 1–4, 2000.

[BVMS99] A. Bessemoulin, L. Verweyen, H. Massler, and M. Schlechtweg. Capacitive transmission lines in coplanar waveguide for millimeter-wave integrated circuit design. *IEEE Microwave and Guided Wave Letters*, 9(11):450–452, 1999.

[BWS+11] D.F. Brown, A. Williams, K. Shinohara, A. Kurdoghlian, I. Milosavljevic, P. Hashimoto, R. Grabar, S. Burnham, C. Butler, P. Willadsen, and M. Micovic. W-band power performance of AlGaN/GaN DHFETs with regrown n+ GaN ohmic contacts by MBE. In *IEEE International Electron Devices Meeting (IEDM)*, pages 19.3.1–19.3.4, 2011.

[Cas] Cascade Mircotech Inc. *Datasheet: infinity probe, 220-325 GHz, GSG 100 um pitch, WR-3 connector, nickel alloy tip, T-body format.*

[CCHI00] B. Cetiner, R. Coccioli, B. Housmand, and T. Itoh. Combination of circuit and full wave analysis for pre-matched multifinger FET. In *30th European Microwave Conference*, pages 1–4, 2000.

[CIL+98] Y.C. Chen, D.L. Ingram, R. Lai, M. Barsky, R. Grunbacher, T. Block, H.C. Yen, and D.C. Streit. A 95-GHz InP HEMT MMIC amplifier with 427-mW power output. *IEEE Microwave and Guided Wave Letters*, 8(11):399–401, 1998.

[CLW06] J.-C. Chiu, J.-M. Lin, and Y.-H. Wang. A novel planar three-way power divider. *IEEE Microwave and Wireless Components Letters*, 16(8):449–451, 2006.

[CMGN92] J.C. Costa, M. Miller, M. Golio, and G. Norris. Fast, accurate, on-wafer extraction of parasitic resistances and inductances in GaAs MESFETs and HEMTs. In *IEEE MTT-S International Microwave Symposium Digest*, pages 1011–1014 vol.2, 1992.

[Cri83] S.C. Cripps. A theory for the prediction of GaAs FET load-pull power contours. In *IEEE MTT-S International Microwave Symposium Digest*, pages 221–223, 1983.

[Cri07] S. C. Cripps. The intercept point deception (microwave bytes). *IEEE Microwave Magazine*, 8(1):44–50, 2007.

[CS83] K. Chang and C. Sun. Millimeter-wave power-combining techniques. *IEEE Transactions on Microwave Theory and Techniques*, 31(2):91–107, 1983.

[Cur11] W. R. Curtice. Status of linear and nonlinear modeling for GaN MMICs. In *IEEE MTT-S International Microwave Symposium Digest*, 2011.

[DAS+12] S. Diebold, S. Ayhan, S. Scherr, H. Massler, A. Tessmann, A. Leuther, O. Ambacher, T. Zwick, and I. Kallfass. A W-band MMIC radar system for remote detection of vital signs. *Journal of Infrared, Millimeter, and Terahertz Waves*, 33(12):1250–1267, 2012.

[DBLL+04] A.D. Droitcour, O. Boric-Lubecke, V.M. Lubecke, Jenshan Lin, and G.T.A. Kovacs. Range correlation and I/Q performance benefits in single-chip silicon Doppler radars for non-contact cardiopulmonary monitoring. *IEEE Transactions on Microwave Theory and Techniques*, 52(3):838–848, 2004.

[DCHP88] G. Dambrine, A. Cappy, F. Heliodore, and E. Playez. A new method for determining the FET small-signal equivalent circuit. *IEEE Transactions on Microwave Theory and Techniques*, 36(7):1151–1159, 1988.

[Dea08] W.R. Deal. Coplanar waveguide basics for MMIC and PCB design. *IEEE Microwave Magazine*, 9(4):120–133, 2008.

[DKM+10] S. Diebold, I. Kallfass, H. Massler, A. Leuther, A. Tessmann, P. Pahl, S. Koch, M. Siegel, and O. Ambacher. Determination of suitable mHEMT transistor dimensioning for power amplification at 210 GHz by comprehensive measurements. In *European Microwave Integrated Circuits Conference (EuMIC)*, pages 78–81, 2010.

[DKM+11] S. Diebold, I. Kallfass, H. Massler, M. Seelmann-Eggebert, A. Leuther, A. Tessmann, P. Pahl, S. Koch, and O. Ambacher. Design and model studies for solid-state power amplification at 210 GHz. *International Journal of Microwave and Wireless Technologies*, 3:339–346, 5 2011.

[DMR+07] W.R. Deal, X.B. Mei, V. Radisic, Michael D. Lange, W. Yoshida, Po-Hsin Liu, J. Uyeda, M.E. Barsky, A. Fung, T. Gaier, and R. Lai. Development of sub-millimeter-wave power amplifiers. *IEEE Transactions on Microwave Theory and Techniques*, 55(12):2719–2726, 2007.

[DMR+08] W.R. Deal, X.B. Mei, V. Radisic, B. Bayuk, A. Fung, W. Yoshida, P.H. Liu, J. Uyeda, T. Samoska, L. andGaier, and R. Lai. A balanced sub-millimeter wave power amplifier. In *IEEE MTT-S International Microwave Symposium Digest*, pages 399–402, 2008.

[DMW+11] S. Diebold, H. Massler, S. Wagner, A. Tessmann, A. Leuther, and I. Kallfass. 140 GHz solid-state amplifier with on-chip tunable output matching. In *Workshop on Integrated Nonlinear Microwave and Millimetre-Wave Circuits (INMMIC)*, pages 1–4, 2011.

[DPG+12] S. Diebold, P. Pahl, B. Göttel, H. Massler, A. Tessmann, A. Leuther, T. Zwick, and I. Kallfass. A 130 to 160 GHz broadband power amplifier with binary power splitting topology. In *Asia-Pacific Microwave Conference Proceedings (APMC)*, pages 442 –444, dec. 2012.

[DWSE+11] S. Diebold, R. Weber, M. Seelmann-Eggebert, H. Massler, A. Tessmann, A. Leuther, and I. Kallfass. A fully-scalable coplanar waveguide passive library for millimeter-wave monolithic integrated circuit design. In *41st European Microwave Conference (EuMC)*, pages 293–296, 2011.

[Ell08] F. Ellinger. *Radio frequency integrated circuits and technologies*. Springer, Berlin, 2. edition, 2008.

[Eri99] N. Erickson. A fast and sensitive submillimeter waveguide power meter. In *10th International Symposium on Space Terahertz Technology*, 1999.

[FDK08] O. Föllinger, F. Dörrscheidt, and M. Klittich. *Regelungstechnik: Einführung in die Methoden und ihre Anwendung*. Hüthig, Heidelberg, 2008.

[FDS+06] A. Fung, D. Dawson, L. Samoska, K. Lee, T. Gaier, P. Kangaslahti, C. Oleson, A. Denning, Yuenie Lau, and G. Boll. Two-port vector network analyzer measurements in the 218-344 and 356-500 GHz frequency bands. *IEEE Transactions on Microwave Theory and Techniques*, 54(12):4507–4512, 2006.

[FGS+08] A.K. Fung, T. Gaier, L. Samoska, W.R. Deal, V. Radisic, X.B. Mei, W. Yoshida, P.-S. Liu, J. Uyeda, M. Barsky, and R. Lai. First on-wafer power characterization of MMIC amplifiers at sub-millimeter qave frequencies. *IEEE Microwave and Wireless Components Letters*, 18(6):419–421, 2008.

[FSP+12] A. Fung, L. Samoska, D. Pukala, D. Dawson, P. Kangaslahti, M. Varonen, T. Gaier, C. Lawrence, G. Boll, R. Lai, and X. B. Mei. On-wafer S-parameter measurements in the 325-508 GHz band. *IEEE Transactions on Terahertz Science and Technology*, 2(2):186–192, 2012.

[Gam89] P. Gamand. Analysis of the oscillation conditions in distributed amplifiers. *IEEE Transactions on Microwave Theory and Techniques*, 37(3):637–640, 1989.

[Gia72] L.J. Giacoletto. Measurement of emitter and collector series resistances. *IEEE Transactions on Electron Devices*, 19(5):692–693, 1972.

[GNS06] W. Grabinski, B. Nauwelaers, and D Schreurs. *Transistor level modeling for analog RF IC design*. Springer, Dordrecht, 2006.

[Gon97] G. Gonzalez. *Microwave transistor amplifiers: analysis and design*. Prentice Hall, Upper Saddle River, NJ, 2. edition, 1997.

[Gre07] A. Grebennikov. Power combiners, impedance transformers and directional couplers. *High Frequency Electronics*, 6(12):20–38, 2007.

[GSF+07] T. Gaier, L. Samoska, A. Fung, W.R. Deal, V. Radisic, X.B. Mei, W. Yoshida, P. H Liu, J. Uyeda, M. Barsky, and R. Lai. Measurement of a 270 GHz low noise amplifier with 7.5 dB noise figure. *IEEE Microwave and Wireless Components Letters*, 17(7):546–548, 2007.

[GSRH96] J. Gerdes, F.-J. Schmuckle, C. Rheinfelder, and W. Heinrich. Modelling of coplanar waveguide elements for 77-GHz - MMICs. In *26th European Microwave Conference*, volume 2, pages 597–601, 1996.

[Gup92] M.S. Gupta. Degradation of power combining efficiency due to variability among signal sources. *IEEE Transactions on Microwave Theory and Techniques*, 40(5):1031–1034, 1992.

[Gup96] K. C. Gupta. *Microstrip lines and slotlines*. Artech, Boston, 2. edition, 1996.

[Ham81] E. Hammerstad. Computer-aided design of microstrip couplers with accurate discontinuity models. In *IEEE MTT-S International Microwave Symposium Digest*, pages 54–56, 1981.

[HBR+05] K. J. Herrick, K.W. Brown, F.A. Rose, C. S. Whelan, J. Kotce, J. R. LaRoche, and Yiwen Z. W-band metamorphic HEMT with 267 mW output power. In *IEEE MTT-S International Microwave Symposium Digest*, pages 4 pp.–, 2005.

[Hei86] W. Heinrich. Limits of FET modelling by lumped elements. *Electronics Letters*, 22(12):630–632, 1986.

[HHN03] A. Hirata, M. Harada, and T. Nagatsuma. 120-GHz wireless link using photonic techniques for generation, modulation, and emission of millimeter-wave signals. *Journal of Lightwave Technology*, 21(10):2145–2153, 2003.

[HMM11] J.T. Harvey, S.J. Mahon, and W.F. Montgomery. History and evolution of millimetre-wave MMICs for point-to-point radio. In *IEEE Compound Semiconductor Integrated Circuit Symposium (CSICS)*, pages 1–4, 2011.

[HTZ+96] W.H. Haydl, A. Tessmann, K. Zufle, H. Massler, T. Krems, L. Verweyen, and J. Schneider. Models of coplanar lines and elements over the frequency range 0-120 GHz. In *26th European Microwave Conference*, volume 2, pages 996–1000, 1996.

[HUM+08] J. Hacker, M. Urteaga, D. Mensa, R. Pierson, M. Jones, Z. Griffith, and M. Rodwell. 250 nm InP DHBT monolithic amplifiers with 4.8 dB gain at 324 GHz. In *IEEE MTT-S International Microwave Symposium Digest*, pages 403–406, 2008.

[HXG+12] D. Hou, Y.-Z. Xiong, W.-L. Goh, W. Hong, and M. Madihian. A D-band cascode amplifier with 24.3 dB gain and 7.7 dBm output power in 0.13 um SiGe BiCMOS technology. *IEEE Microwave and Wireless Components Letters*, 22(4):191–193, 2012.

[ICK+99] D.L. Ingram, Y.C. Chen, J. Kraus, B. Brunner, B. Allen, H.C. Yen, and K.-F. Lau. A 427 mW compact W-band InP HEMT MMIC power amplifier. In *IEEE Radio Frequency Integrated Circuits (RFIC) Symposium*, pages 95–98, 1999.

[ITU] International Telecommunication Union. Attenuation by atmospheric gases. Recommendation P.676-9 (02/12).

[Jon11] F. Jondral. *Nachrichtensysteme : Grundlagen, Verfahren, Anwendungen*. Schlembach, Wilburgstetten, 4. edition, 2011.

[Kal06] I. Kallfass. *Comprehensive nonlinear modelling of dispersive hetrostructure field effect transistors and their MMIC applications*. Cuvillier, Göttingen, 1. edition, 2006.

[KAS+11] I. Kallfass, J. Antes, T. Schneider, F. Kurz, D. Lopez-Diaz, S. Diebold, H. Massler, A. Leuther, and A. Tessmann. All active MMIC-based wireless communication at 220 GHz. *IEEE Transactions on Terahertz Science and Technology*, 1(2):477–487, 2011.

[KH06] A. Komijani and A. Hajimiri. A wideband 77-GHz, 17.5-dBm fully integrated power amplifier in silicon. *IEEE Journal of Solid-State Circuits*, 41(8):1749–1756, 2006.

[KHY+10] N. Kukutsu, A. Hirata, M. Yaita, K. Ajito, H. Takahashi, T. Kosugi, H. J Song, A. Wakatsuki, Y. Muramoto, T. Nagatsuma, and Y. Kado. Toward practical applications over 100 GHz. In *IEEE MTT-S International Microwave Symposium Digest*, pages 1134–1137, 2010.

[KMR06] K. Küpfmüller, W. Mathis, and A. Reibiger. *Theoretische Elektrotechnik : eine Einführung*. Springer-Lehrbuch. Springer, Berlin, 17. edition, 2006.

[KPM+09] I. Kallfass, P. Pahl, H. Massler, A. Leuther, A. Tessmann, S. Koch, and T. Zwick. A 200 GHz monolithic integrated power amplifier in metamorphic HEMT Technology. *IEEE Microwave and Wireless Components Letters*, 19(6):410–412, 2009.

[KSM+09] T. Kosugi, H. Sugiyama, K. Murata, H. Takahashi, A. Hirata, N. Kukutsu, Y. Kado, and T. Enoki. A 125-GHz 140-mW InGaAs/InP composite-channel HEMT MMIC power amplifier module. *IEICE Electronics Express*, 6(24):1764–1768, 2009.

[LBEHH12] F. J. Lidgey, M. Ben-Esmael, K. Hayatleh, and B. L. Hart. Cascode amplifier: A cautionary tale. In *8th International Symposium on Communication Systems, Networks Digital Signal Processing (CSNDSP)*, pages 1–4, 2012.

[LDM+13] J. Längst, S. Diebold, H. Massler, S. Wagner, A. Tessmann, A. Leuther, T. Zwick, and I. Kallfass. Balanced medium power amplifier MMICs from 200 to 270 GHz. In *38th International Conference on Infrared, Millimeter, and Terahertz Waves (IRMMW-THz)*, pages 1–3, 2013.

[LDQ+99] A. Laloue, J.-B. David, R. Quere, B. Mallet-Guy, E. Laporte, J. F. Villemazet, and M. Soulard. Extrapolation of a measurement-based millimeter-wave nonlinear model of pHEMT to arbitrary-shaped transistors through electromagnetic simulations. *IEEE Transactions on Microwave Theory and Techniques*, 47(6):908–914, 1999.

[LDR+09] K.M.K.H. Leong, W.R. Deal, V. Radisic, Xiao Bing Mei, J. Uyeda, L. Samoska, A. Fung, T. Gaier, and R. Lai. A 340-380 GHz integrated CB-CPW-to-waveguide transition for sub millimeter-wave MMIC packaging. *Microwave and Wireless Components Letters, IEEE*, 19(6):413–415, 2009.

[LGPG09] D. Liu, B. Gaucher, U. Pfeiffer, and J. Grzyb. *Advanced millimeter wave technologies : antennas, packaging and circuits*. Wiley, Chichester, 1. edition, 2009.

[LLS+85] K.W. Lee, Kwyro Lee, M.S. Shur, Tho T. Vu, P. C T Roberts, and Max J. Helix. Source, drain, and gate series resistances and electron saturation velocity in ion-implanted GaAs FET's. *IEEE Transactions on Electron Devices*, 32(5):987–992, 1985.

[LM07] W. Li and K.L. Melde. Broadband on-wafer calibrations comparison for accuracy and repeatability on co-planar waveguide structures. In *IEEE Electrical Performance of Electronic Packaging*, pages 315–318, 2007.

[LMB+98] E. Larique, S. Mons, D. Baillargeat, S. Verdeyme, M. Aubourg, P. Guillon, and R. Quere. Electromagnetic analysis for microwave FET modeling. *IEEE Microwave and Guided Wave Letters*, 8(1):41–43, 1998.

[Län12] J. Längst. *Diplomarbeit: MMIC-Verstärker-Entwurf unter Verwendung neuartiger Leitungsstrukturen.* Karlsruher Institut für Technologie (KIT), Karlsruhe, 17.08.2011 bis 17.02.2012.

[LTM+08] A. Leuther, A. Tessmann, H. Massler, R. Losch, M. Schlechtweg, M. Mikulla, and O. Ambacher. 35 nm metamorphic HEMT MMIC technology. In *20th International Conference on Indium Phosphide and Related Materials (IPRM)*, pages 1–4, 2008.

[LTM+12] A. Leuther, A. Tessmann, H. Massler, R. Aidam, M. Schlechtweg, and O. Ambacher. 450 GHz amplifier MMIC in 50 nm metamorphic HEMT technology. In *International Conference on Indium Phosphide and Related Materials (IPRM)*, pages 229–232, 2012.

[Mau] Maury Microwave Corporation. *4T-074 Technical Data - Millimeter-Wave Automated Tuners - 33.0 to 110.0 GHz.*

[MBK+09] M. Morgan, E. Bryerton, H. Karimy, D. Dugas, L. Gunter, Kuanghann Duh, Xiaoping Yang, P. Smith, and Pane-Chane Chao. Wideband medium power amplifiers using a short gate-length GaAs MMIC process. In *IEEE MTT-S International Microwave Symposium Digest*, pages 541–544, 2009.

[MGOP+97] B. Mallet-Guy, Z. Ouarch, M. Prigent, R. Quere, and J. Obregon. A distributed, measurement based, nonlinear model of FETs for high frequencies applications. In *IEEE MTT-S International Microwave Symposium Digest*, volume 2, pages 869–872 vol.2, 1997.

[MHW99] S. Masuda, T. Hirose, and Y. Watanabe. An accurate distributed small signal FET model for millimeter-wave applications. In *IEEE MTT-S International Microwave Symposium Digest*, volume 1, pages 157–160 vol.1, 1999.

[MKM+08] M. Micovic, A. Kurdoghlian, H.P. Moyer, P. Hashimoto, M. Hu, M. Antcliffe, P.J. Willadsen, W.-S. Wong, R. Bowen, I. Milosavljevic, Y. Yoon, A. Schmitz, M. Wetzel, C. McGuire, B. Hughes, and D.H. Chow. GaN MMIC PAs for E-band

(71 GHz - 95 GHz) radio. In *IEEE Compound Semiconductor Integrated Circuits Symposium (CSIC)*, pages 1–4, 2008.

[MKM+12] A. Margomenos, A. Kurdoghlian, M. Micovic, K. Shinohara, D.F. Brown, R. Bowen, I. Milosavljevic, R. Grabar, C. Butler, A. Schmitz, P.J. Willadsen, M. Madhav, and D.H. Chow. 70-105 GHz wideband GaN power amplifiers. In *7th European Microwave Integrated Circuits Conference (EuMIC)*, pages 199–202, 2012.

[MKS+10] M. Micovic, A. Kurdoghlian, K. Shinohara, S. Burnham, I. Milosavljevic, M. Hu, A. Corrion, A. Fung, R. Lin, L. Samoska, P. Kangaslahti, B. Lambrigtsen, P. Goldsmith, W.-S. Wong, A. Schmitz, P. Hashimoto, P.J. Willadsen, and D.H. Chow. W-Band GaN MMIC with 842 mW output power at 88 GHz. In *IEEE MTT-S International Microwave Symposium Digest*, pages 237–239, 2010.

[MOM+09] Satoshi Masuda, T. Ohki, K. Makiyama, M. Kanamura, Naoya Okamoto, Hisao Shigematsu, Kenji Imanishi, T. Kikkawa, K. Joshin, and N. Hara. GaN MMIC amplifiers for W-band transceivers. In *European Microwave Integrated Circuits Conference (EuMIC)*, pages 443–446, 2009.

[MTYW12] C Miao, Ge Tian, J. Yang, and W. Wu. Analysis of multiport passive components using admittance matrix. In *International Conference on Microwave and Millimeter Wave Technology (ICMMT)*, volume 2, pages 1–4, 2012.

[Nag09] T. Nagatsuma. Generating millimeter and terahertz waves. *IEEE Microwave Magazine*, 10(4):64–74, 2009.

[NH69] J.R. Nevarez and G.J. Herskowitz. Output power and loss analysis of 2n injection-locked oscillators combined through an ideal and symmetric hybrid combiner. *IEEE Transactions on Microwave Theory and Techniques*, 17(1):2–10, 1969.

[NMM+10] Y. Nakasha, Satoshi Masuda, K. Makiyama, T. Ohki, M. Kanamura, Naoya Okamoto, T. Tajima, T. Seino, Hisao Shigematsu, Kenji Imanishi, T. Kikkawa, K. Joshin, and N. Hara. E-band 85-mW oscillator and 1.3-W amplifier ICs using 0.12-um GaN HEMTs for millimeter-wave transceivers. In *IEEE Compound Semiconductor Integrated Circuit Symposium (CSICS)*, pages 1–4, 2010.

[NPS96] S.J. Nash, A. Platzker, and W. Struble. Distributed small signal model for multi-fingered GaAs PHEMT/MESFET devices. In *IEEE MTT-S International Microwave Symposium Digest*, volume 2, pages 1075–1078 vol.2, 1996.

[OSZZ09] D. Obeid, S. Sadek, G. Zaharia, and G. El Zein. Noncontact heartbeat detection at 2.4, 5.8, and 60 GHz: A comparative study. *Microwave and Optical Technology Letters*, 51(3):666–669, 2009.

[PC03] J. C. Pedro and N. B. Carvalho. *Intermodulation distortion in microwave and wireless circuits*. Artech House microwave library. Artech House, Boston, 2003.

[PdSB03] P.L.D. Peres, C. R. de Souza, and I. S. Bonatti. ABCD matrix: a unique tool for linear two-wire transmission line modelling. *International Journal of Electrical Engineering Education*, 40(3):220–, 2003.

[Poz12] David M. Pozar. *Microwave engineering*. Wiley, Hoboken, N.J., 4. edition, 2012.

[PRF04] U.R. Pfeiffer, S.K. Reynolds, and B.A. Floyd. A 77 GHz SiGe power amplifier for potential applications in automotive radar systems. In *IEEE Radio Frequency Integrated Circuits (RFIC) Symposium*, pages 91–94, 2004.

[QTK+11] R. Quay, A. Tessmann, R. Kiefer, S. Maroldt, C. Haupt, U. Nowotny, R. Weber, H. Massler, D. Schwantuschke, M. Seelmann-Eggebert, A. Leuther, M. Mikulla, and O. Ambacher. Dual-gate GaN MMICs for mm-wave operation. *IEEE Microwave and Wireless Components Letters*, 21(2):95–97, 2011.

[Qua02] R. Quay. *Analysis and simulation of high electron mobility transistors*. Shaker Verlag, Aachen, 1. edition, 2002.

[RAC+02] F.H. Raab, P. Asbeck, S. Cripps, P.B. Kenington, Z.B. Popovic, N. Pothecary, J.F. Sevic, and N.O. Sokal. Power amplifiers and transmitters for RF and microwave. *IEEE Transactions on Microwave Theory and Techniques*, 50(3):814–826, 2002.

[RDL+10] V. Radisic, W.R. Deal, K.M.K.H. Leong, X.B. Mei, W. Yoshida, Po-Hsin Liu, J. Uyeda, A. Fung, L. Samoska, T. Gaier, and R. Lai. A 10 mW submillimeter-wave solid-state power-amplifier module. *IEEE Transactions on Microwave Theory and Techniques*, 58(7):1903 –1909, july 2010.

[RLM+12] V. Radisic, K.M.K.H. Leong, X. Mei, S. Sarkozy, W. Yoshida, and W.R. Deal. Power amplification at 0.65 THz using InP HEMTs. *IEEE Transactions on Microwave Theory and Techniques*, 60(3):724–729, 2012.

[RLS+11] V. Radisic, K.M.K.H. Leong, S. Sarkozy, X. Mei, W. Yoshida, Po-Hsin Liu, and R. Lai. A 75 mW 210 GHz power amplifier module. In *IEEE Compound Semiconductor Integrated Circuit Symposium (CSICS)*, pages 1–4, 2011.

[Rol62] J. M. Rollett. Stability and power-gain invariants of linear twoports. *IRE Transactions on Circuit Theory*, 9(1):29–32, 1962.

[RRG+11] T. B. Reed, M. J W Rodwell, Z. Griffith, P. Rowell, M. Urteaga, M. Field, and J. Hacker. 48.8 mW multi-cell InP HBT amplifier with on-wafer power combining at 220 GHz. In *IEEE Compound Semiconductor Integrated Circuit Symposium (CSICS)*, pages 1–4, 2011.

[RRG+12a] T.B. Reed, M. Rodwell, Z. Griffith, P. Rowell, A. Young, M. Urteaga, and M. Field. A 220 GHz InP HBT solid-state power amplifier MMIC with 90mW POUT at 8.2dB compressed gain. In *IEEE Compound Semiconductor Integrated Circuit Symposium (CSICS)*, pages 1–4, 2012.

[RRG+12b] Thomas B. Reed, Mark J W Rodwell, Z. Griffith, P. Rowell, M. Field, and M. Urteaga. A 58.4mW solid-state power amplifier at 220 GHz using InP HBTs. In *IEEE MTT-S International Microwave Symposium Digest (MTT)*, pages 1–3, 2012.

[RSW+11] V. Radisic, D. Scott, Sujane Wang, A. Cavus, A. Gutierrez-Aitken, and W.R. Deal. 235 GHz amplifier using 150 nm InP HBT high power density transistor. *IEEE Microwave and Wireless Components Letters*, 21(6):335–337, 2011.

[Rud12] M. Rudolph. *Nonlinear transistor model parameter extraction techniques*. Cambridge University Press, Cambridge, 2012.

[Sam11] L.A. Samoska. An overview of solid-state integrated circuit amplifiers in the submillimeter-wave and THz regime. *IEEE Transactions on Terahertz Science and Technology*, 1(1):9 –24, sept. 2011.

[SBM+05] L. Samoska, E. Bryerton, M. Morgan, D. Thacker, K. Saini, T. Boyd, D. Pukala, A. Peralta, M. Hu, and A. Schmitz. Medium power amplifiers covering 90-130 GHz for the ALMA telescope local oscillators. In *IEEE MTT-S International Microwave Symposium Digest*, pages 4 pp.–, 2005.

[SCP13] N. Sarmah, P. Chevalier, and U.R. Pfeiffer. 160-GHz power amplifier design in advanced SiGe HBT technologies with Psat in excess of 10 dBm. *IEEE Transactions on Microwave Theory and Techniques*, 61(2):939–947, 2013.

[SDC+08] L. Samoska, W.R. Deal, G. Chattopadhyay, D. Pukala, A. Fung, T. Gaier, M. Soria, V. Radisic, X. Mei, and R. Lai. A submillimeter-wave HEMT amplifier module with integrated waveguide transitions operating above 300 GHz. *IEEE Transactions on Microwave Theory and Techniques*, 56(6):1380–1388, 2008.

[SEMvR+07] M. Seelmann-Eggebert, T. Merkle, F. van Raay, R. Quay, and M. Schlechtweg. A systematic state-space approach to large-signal transistor modeling. *IEEE Transactions on Microwave Theory and Techniques*, 55(2):195–206, 2007.

[SESLM10] M. Seelmann-Eggebert, F. Schäfer, A. Leuther, and H. Massler. A versatile and cryogenic mHEMT-model including noise. In *IEEE MTT-S International Microwave Symposium Digest (MTT)*, pages 501–504, 2010.

[Sim01] R. N. Simons. *Coplanar waveguide circuits, components, and systems*. Wiley series in microwave and optical engineering. Wiley-Interscience, New York, NY, 2001.

[SL01] L. Samoska and Yoke Choy Leong. 65-145 GHz InP MMIC HEMT medium power amplifiers. In *IEEE MTT-S International Microwave Symposium Digest*, volume 3, pages 1805–1808 vol.3, 2001.

[Sze13] S. M. Sze. *Semiconductor devices: physics and technology*. Wiley, Hoboken, NJ, 3. edition, 2013.

[Tak76] Y. Takayama. A new load-pull characterization method for microwave power transistors. In *IEEE MTT-S International Microwave Symposium*, pages 218–220, 1976.

[Tas09] P.J. Tasker. Practical waveform engineering. *IEEE Microwave Magazine*, 10(7):65–76, 2009.

[Tes05] A. Tessmann. 220 GHz metamorphic HEMT amplifier MMICs for high-resolution imaging applications. *IEEE Journal of Solid-State Circuits*, 40(10):2070–2076, 2005.

[TGD+93] R. Tayrani, Jason E. Gerber, Tom Daniel, Rayrnond S. Pengelly, and Ulrich L. Rohde. A new and reliable direct parasitic extraction method for MESFETs and HEMTs. In *23rd European Microwave Conference*, pages 451–453, 1993.

[TKH+08] H. Takahashi, T. Kosugi, Akihiko Hirata, K. Murata, and N. Kukutsu. 120-GHz-band low-noise amplifier with 14-ps group-delay variation for 10-Gbit/s data transmission. In *38th European Microwave Conference (EuMC)*, pages 1457–1460, 2008.

[TLM+07] A. Tessmann, A. Leuther, H. Massler, W. Bronner, M. Schlechtweg, and G. Weimann. Metamorphic H-band low-noise amplifier MMICs. In *IEEE MTT-S International Microwave Symposium*, pages 353–356, 2007.

[TLM+08] A. Tessmann, A. Leuther, H. Massler, M. Kuri, and R. Loesch. A metamorphic 220-320 GHz HEMT amplifier MMIC. In *IEEE Compound Semiconductor Integrated Circuits Symposium (CSICS)*, pages 1–4, 2008.

[TLMSE12] A. Tessmann, A. Leuther, H. Massler, and M. Seelmann-Eggebert. A high gain 600 GHz amplifier TMIC using 35 nm metamorphic HEMT technology. In *IEEE Compound Semiconductor Integrated Circuit Symposium (CSICS)*, pages 1–4, 2012.

[TLSM05] A. Tessmann, A. Leuther, C. Schwoerer, and H. Massler. Metamorphic 94 GHz power amplifier MMICs. In *IEEE MTT-S International Microwave Symposium Digest*, pages 4 pp.–, 2005.

[vHRvV+12] M. van Heijningen, M. Rodenburg, F.E. van Vliet, H. Massler, A. Tessmann, P. Bruckner, S. Muller, D. Schwantuschke, R. Quay, and T. Narhi. W-band power amplifier MMIC with 400 mW output power in 0.1 um AlGaN/GaN technology. In *7th European Microwave Integrated Circuits Conference (EuMIC)*, pages 135–138, 2012.

[VPR05] G. D. Vendelin, A. M. Pavio, and U. L. Rohde. *Microwave circuit design using linear and nonlinear techniques*. Wiley, Hoboken, NJ, 2. edition, 2005.

[VR06] J. Verspecht and D.E. Root. Polyharmonic distortion modeling. *IEEE Microwave Magazine*, 7(3):44–57, 2006.

[Wal12] J. L. B. Walker. *Handbook of RF and microwave power amplifiers*. The Cambridge RF and microwave engineering series. Cambridge University Press, Cambridge, 2012.

[Wei03] T. Weiland. RF microwave simulators - from component to system design. In *33rd European Microwave Conference*, volume 2, pages 591 –596, oct. 2003.

[Wei07] G. Weimann. *Vorlesung III-V Halbleiterbauelemente (Heterostrukturbauelemente)*. Universität Karlsruhe (TH), Karlsruhe, 2007.

[WHM+12] R. Weber, V. Hurm, H. Massler, E. Weissbrodt, A. Tessmann, A. Leuther, T. Narhi, and I. Kallfass. An H-band low-noise amplifier MMIC in 35 nm metamorphic HEMT technology. In *7th European Microwave Integrated Circuits Conference (EuMIC)*, pages 187–190, 2012.

[Wil60] E.J. Wilkinson. An N-Way hybrid power divider. *IRE Transactions on Microwave Theory and Techniques*, 8(1):116–118, 1960.

[WJN92] K. Wang, M. Jones, and S. Nelson. The S-probe a new, cost-effective, 4-gamma method for evaluating multi-stage amplifier stability. In *IEEE MTT-S International Microwave Symposium Digest*, volume 2, pages 829–832, 1992.

[Wol06] I. Wolff. *Coplanar microwave integrated circuits*. Wiley-Interscience, Hoboken, N.J., 2006.

[WSG+01] Huei Wang, L. Samoska, T. Gaier, A. Peralta, Hsin-Hsing Liao, Y.C. Leong, S. Weinreb, Y.C. Chen, M. Nishimoto, and R. Lai. Power-amplifier modules covering 70-113 GHz using MMICs. *IEEE Transactions on Microwave Theory and Techniques*, 49(1):9–16, 2001.

[YL86] L. Yang and S.I. Long. New method to measure the source and drain resistance of the GaAs MESFET. *IEEE Electron Device Letters*, 7(2):75–77, 1986.

[Yor01] R.A. York. Some considerations for optimal efficiency and low noise in large power combiners. *IEEE Transactions on Microwave Theory and Techniques*, 49(8):1477–1482, 2001.

[YSM03] L. Yujiri, M. Shoucri, and P. Moffa. Passive millimeter wave imaging. *IEEE Microwave Magazine*, 4(3):39–50, 2003.

[ZP98] Z. Zyren and A. Petrick. Tutorial on basic link budget analysis. *intersil Application Note AN9804.1*, 1998.

Liste eigener Veröffentlichungen

Eigene Patente

[1] S. Diebold, I. Kallfass, and E. Weissbrodt, "Radiometrische Kalibrationseinrichtung mit monolithisch integriertem Mehrfachschalter," no. DE102011016732B3, 04 2011, Patent.

Eigene Beiträge in Fachzeitschriften

[1] S. Diebold, I. Kallfass, H. Massler, M. Seelmann-Eggebert, A. Leuther, A. Tessmann, P. Pahl, S. Koch, and O. Ambacher, "Design and model studies for solid-state power amplification at 210 GHz," *International Journal of Microwave and Wireless Technologies*, vol. 3, pp. 339–346, 5 2011.

[2] S. Diebold, S. Ayhan, S. Scherr, H. Massler, A. Tessmann, A. Leuther, O. Ambacher, T. Zwick, and I. Kallfass, "A W-band MMIC radar system

for remote detection of vital signs," *Journal of Infrared, Millimeter, and Terahertz Waves*, vol. 33, no. 12, pp. 1250–1267, 2012.

[3] I. Kallfass, J. Antes, T. Schneider, F. Kurz, D. Lopez-Diaz, S. Diebold, H. Massler, A. Leuther, and A. Tessmann, "All Active MMIC-Based Wireless Communication at 220 GHz," *IEEE Transactions on Terahertz Science and Technology*, vol. 1, no. 2, pp. 477–487, 2011.

[4] S. Diebold, E. Weissbrodt, H. Massler, A. Leuther, A. Tessmann, and I. Kallfass, "A W-Band Monolithic Integrated Active Hot and Cold Noise Source," *IEEE Transactions on Microwave Theory and Techniques*, 2014.

Eigene Konferenzbeiträge

[1] J. Antes, D. Lopez-Diaz, M. Schlechtweg, S. Diebold, H. Gulan, F. Poprawa, E. Roppelt, J. Leuthold, T. Schneider, T. Zwick, O. Ambacher, and I. Kallfass, "Systemkonzept und Realisierung einer Millimeterwellenfunkstrecke mit Datenraten über 12,5 Gbit/s," in *16. VDE/ITG Fachtagung Mobilkommunikation*, 2011.

[2] S. Ayhan, S. Diebold, S. Scherr, A. Tessmann, O. Ambacher, I. Kallfass, and T. Zwick, "A 96 GHz radar system for respiration and heart rate measurements," in *IEEE MTT-S International Microwave Symposium Digest (MTT)*, 2012, pp. 1–3.

[3] S. Beer, B. Ripka, S. Diebold, H. Gulan, C. Rusch, P. Pahl, and T. Zwick, "Design and measurement of matched wire bond and flip chip inter-

connects for D-band system-in-package applications," in *IEEE MTT-S International Microwave Symposium Digest (MTT)*, 2011, pp. 1–4.

[4] D. Bruch, M. Seelmann-Eggebert, I. Kallfass, A. Leuther, S. Diebold, M. Schlechtweg, and O. Ambacher, "Broadband MMIC tuners dedicated to noise parameter measurements at cryogenic temperatures," in *Workshop on Integrated Nonlinear Microwave and Millimetre-Wave Circuits (INMMIC)*, 2012, pp. 1–3.

[5] S. Diebold, D. Götzl, S. Ayhan, S. Scherr, P. Pahl, H. Massler, A. Tessmann, A. Leuther, O. Ambacher, T. Zwick, and I. Kallfass, "W-band MMIC radar modules for remote detection of vital signs," in *European Microwave Integrated Circuits Conference (EuMIC)*, 2012, pp. 195–198.

[6] S. Diebold, I. Kallfass, H. Massler, A. Leuther, A. Tessmann, P. Pahl, S. Koch, M. Siegel, and O. Ambacher, "Determination of suitable mHEMT transistor dimensioning for power amplification at 210 GHz by comprehensive measurements," in *European Microwave Integrated Circuits Conference (EuMIC)*, 2010, pp. 78–81.

[7] S. Diebold, H. Massler, S. Wagner, A. Tessmann, A. Leuther, and I. Kallfass, "140 GHz solid-state amplifier with on-chip tunable output matching," in *Workshop on Integrated Nonlinear Microwave and Millimetre-Wave Circuits (INMMIC)*, 2011, pp. 1–4.

[8] S. Diebold, D. Müller, D. Schwantuschke, S. Wagner, R. Quay, T. Zwick, and I. Kallfass, "AlGaN/GaN-based Variable Gain Amplifiers for W-band Operation," in *IEEE MTT-S International Microwave Symposium Digest (MTT)*, 2013.

[9] S. Diebold, P. Pahl, B. Göttel, H. Massler, A. Tessmann, A. Leuther, T. Zwick, and I. Kallfass, "A 130 to 160 GHz broadband power ampli-

fier with binary power splitting topology," in *Asia-Pacific Microwave Conference Proceedings (APMC)*, 2012, pp. 442–444.

[10] S. Diebold, P. Pahl, S. Wagner, Massler, A. Tessmann, A. Leuther, T. Zwick, and I. Kallfass, "A broadband amplifier MMIC with 105 to 140 GHz bandwidth," in *Asia-Pacific Microwave Conference Proceedings (APMC)*, 2013.

[11] S. Diebold, M. Seelmann-Eggebert, H. Gulan, A. Leuther, T. Zwick, and I. Kallfass, "Modelling of transistor feeding structures based on electro-magnetic field simulations," in *Workshop on Integrated Nonlinear Microwave and Millimetre-Wave Circuits (INMMIC)*, 2012, pp. 1–3.

[12] S. Diebold, R. Weber, M. Seelmann-Eggebert, H. Massler, A. Tessmann, A. Leuther, and I. Kallfass, "A fully-scalable coplanar waveguide passive library for millimeter-wave monolithic integrated circuit design," in *European Microwave Conference (EuMC)*, 2011, pp. 293–296.

[13] H. Gulan, S. Beer, S. Diebold, P. Pahl, B. Göttel, and T. Zwick, "Cpw fed 2x2 patch array for d-band system-in-package applications," in *IEEE International Workshop on Antenna Technology (iWAT)*, 2012, pp. 64–67.

[14] H. Gulan, S. Beer, S. Diebold, C. Rusch, A. Leuther, I. Kallfass, and T. Zwick, "Probe based antenna measurements up to 325 GHz for upcoming millimeter-wave applications," in *International Workshop on Antenna Technology (iWAT)*, 2013, pp. 228–231.

[15] H. Gulan, S. Beer, C. Rusch, S. Diebold, P. Pahl, and T. Zwick, "Coplanar waveguide fed antenna arrays on alumina for D-Band sensing applications," in *IEEE International Symposium on Antennas and Propagation (APSURSI)*, 2011, pp. 2063–2066.

[16] I. Kallfass, S. Diebold, H. Massler, S. Koch, M. Seelmann-Eggebert, and A. Leuther, "Multiple-throw millimeter-wave FET switches for frequencies from 60 up to 120 GHz," in *European Microwave Conference (EuMC)*, 2008, pp. 1453–1456.

[17] J. Längst, S. Diebold, H. Massler, A. Tessmann, A. Leuther, T. Zwick, and I. Kallfass, "A balanced 150-240 GHz amplifier MMIC using airbridge transmission lines," in *Workshop on Integrated Nonlinear Microwave and Millimetre-Wave Circuits (INMMIC)*, 2012, pp. 1–3.

[18] J. Längst, S. Diebold, H. Massler, S. Wagner, A. Tessmann, A. Leuther, T. Zwick, and I. Kallfass, "Balanced Medium Power Amplifier MMICs from 200 to 270 GHz," in *International Conference on Infrared, Millimeter, and Terahertz Waves (IRMMW-THz)*, 2013.

[19] D. Müller, S. Diebold, H. Massler, A. Tessmann, A. Leuther, T. Zwick, and I. Kallfass, "A D-band phase compensated variable gain amplifier," in *Workshop on Integrated Nonlinear Microwave and Millimetre-Wave Circuits (INMMIC)*, 2012, pp. 1–3.

[20] P. Pahl, S. Diebold, D. Schwantuschke, S. Wagner, R. Lozar, R. Quay, I. Kallfass, and T. Zwick, "A 65-100 GHz impedance transforming hybrid coupler for a V-/W-band AlGaN/GaN MMIC," in *Microwave Integrated Circuits Conference (EuMIC)*, 2013.

[21] F. Thome, S. Diebold, M. Schlechtweg, A. Leuther, O. Ambacher, and I. Kallfass, "A tunable 140 GHz analog phase shifter with high linearity performance," in *The 7th German Microwave Conference (GeMiC)*, 2012, pp. 1–4.

[22] C. Zech, S. Diebold, S. Wagner, M. Schlechtweg, A. Leuther, O. Ambacher, and I. Kallfass, "An ultra-broadband low-noise traveling-wave amplifier based on 50 nm InGaAs mHEMT technology," in *The 7th German Microwave Conference (GeMiC)*, 2012, pp. 1–4.